新版

中国少年儿童
百科全书

人与自然

翟利沙 编

黑龙江科学技术出版社
HEILONGJIANG SCIENCE AND TECHNOLOGY PRESS

图书在版编目（CIP）数据

人与自然 / 翟利沙编. -- 哈尔滨 ： 黑龙江科学技术出版社，2018.1

（新版中国少年儿童百科全书）

ISBN 978-7-5388-9314-4

Ⅰ. ①人… Ⅱ. ①翟… Ⅲ. ①自然科学—少儿读物

Ⅳ. ①N49

中国版本图书馆CIP数据核字(2017)第179588号

新版中国少年儿童百科全书·人与自然

XINBAN ZHONGGUO SHAONIAN ERTONG BAIKE QUANSHU·REN YU ZIRAN

出 品 人　侯 擘
项目总监　薛方闻
作　　者　翟利沙
责任编辑　闫海波
封面设计　萨木文化
出　　版　黑龙江科学技术出版社
　　　　　地址：哈尔滨市南岗区公安街70-2号　　邮编：150007
　　　　　电话：（0451）53642106　　传真：（0451）53642143
　　　　　网址：www.lkcbs.cn
发　　行　全国新华书店
印　　刷　北京彩虹伟业印刷有限公司
开　　本　889mm×1194mm　　1/16
印　　张　10
字　　数　200千字
版　　次　2018年1月第1版
印　　次　2018年1月第1次印刷
书　　号　ISBN 978-7-5388-9314-4
定　　价　69.80元

前言
Foreword

北极地区曙光初现，饥肠辘辘的动物们走出自己的安乐窝，踏上觅食之路，有的动物走出去满载而归，有的动物走出去却再也回不来。生存是每个动物必须经受的考验。

当北极熊在皑皑白雪和浮冰之上一展"熊"风的时候，海豹却忙着躲避天敌的追杀，还要防范人类欺负自己眼神不好而诱骗自己上当。当海豹怀念极夜的日子时，企鹅却在极夜中忍受寒冷的煎熬，它们熬过黑暗之后，仍旧会面临求偶和筑巢之战。当大象和长颈鹿等这些庞然大物在草原同敌人斗智斗勇时，蜜蜂和蚂蚁这些身材迷你的成员却在隐秘王国里大显身手。当啄木鸟们在空中上演"鸠占鹊巢"的粮仓之战时，座头鲸和虎鲸却在海洋中用生命实践"调虎离山计"……

生存的斗争，从来不仅仅发生在动物界，植物界亦然。为了争夺阳光和空间，它们或是努力长成参天大树，或是努力伸展枝蔓，更有甚者，某些植物居然抱着"同归于尽"的心态，燃烧自己取得生长空间；为了更好繁殖后代，它们竞相盛开五颜六色的花朵，更有甚者，一些植物居然巧施"美人计"骗取动物为其传粉；为了传播种子，它们各显神通，有的御风而行，有的顺水而流，有的会爆炸，有的会喷射……

无论是动物还是植物，生存之于它们本来就非易事。然而，它们还要面临自然的考验。它们在地球这个幸运而又复杂的星球上共存，既受地球环境影响，同时也改变着地球。人类，作为其中特殊而重要的元素，应该扮演何种角色，承担何种责任呢？人与自然应该朝着什么方向发展呢？让我们通过阅读《新版中国少年儿童百科全书·人与自然》一书来寻找答案吧。

本册《新版中国少年儿童百科全书·人与自然》严谨和活泼兼具，"美感"和"营养"并重。版式新颖，图片精美，既保留了百科书的端正大方，又有杂志视觉化美感；体例科学，条目精当，可谓"营养丰富"；语言通俗易懂，利于"消化吸收"。本书结合传统百科优点，创意设计出"百科空间、奇思妙想、故事时间"三大板块，寓教于乐，其乐无穷。

愿每一位读者通过阅读本书，成为不一样的自己。

目录
Contents

动物篇

熊科动物 …………………………………… 6

长颈鹿 …………………………………… 10

大　象 …………………………………… 14

海　豚 …………………………………… 18

袋　鼠 …………………………………… 22

猫科动物 …………………………………… 26

鲸　鱼 …………………………………… 32

犬科动物 …………………………………… 36

企　鹅 …………………………………… 40

鸵　鸟 …………………………………… 44

啄木鸟 …………………………………… 48

蚂　蚁 …………………………………… 52

蜜　蜂 …………………………………… 56

甲　虫 …………………………………… 60

鳄　鱼 …………………………………… 64

蛇 …………………………………… 68

蜥　蜴 …………………………………… 72

奇异动物 …………………………………… 76

人类与动物 …………………………………… 80

植物篇

神奇的种子 …………………………………… 84

万能的根 ……………………………………… 88

多彩的叶子 …………………………………… 92

缤纷的花 ……………………………………… 96

裸子植物 ……………………………………… 100

被子植物 ……………………………………… 104

藻类、蕨类和其他 …………………………… 108

奇异植物 ……………………………………… 112

人类与植物 …………………………………… 116

地球篇

地球结构 ……………………………………… 120

地球的运动 …………………………………… 124

七大洲与四大洋 ……………………………… 128

高山、盆地与峡谷 …………………………… 132

森林、湿地与沙漠 …………………………… 136

特殊地貌 ……………………………………… 140

极端天气 ……………………………………… 144

自然灾害 ……………………………………… 148

生物圈和生态系统 …………………………… 152

环境破坏与保护 ……………………………… 156

熊科动物

熊科动物是以肉食为主，兼草食的杂食性哺乳动物。这种大型哺乳动物的分布范围极其广泛，从寒带到热带都有它们的踪迹。当然，北半球是它们活动的主场地。这一神奇的物种中，有体重不及成年人的马来熊，也叫太阳熊；也有体型庞大，让人听之色变、闻风丧胆的北极熊，它是现存陆地上最大的食肉动物；人见人爱的大熊猫也是熊科的一员。

大熊猫

体型很小的马来熊
是唯一不冬眠的熊

头大又圆
脖子短粗
四肢粗壮
小眼睛视力不好
鼻子的嗅觉非常灵敏

阿拉斯加棕熊用肥大的熊掌或者长满锋利牙齿的嘴巴抓鱼

食性

说熊科动物的食性杂，丝毫不夸张。它们既摄取苔藓、浆果和坚果，也取食青草、嫩枝丫，当然也会捕捉青蛙、螃蟹甚至鱼类。如果赶上青黄不接的时候，鸟卵和蚂蚁对它们来说也是不错的食物；如果运气好碰到小型鹿、羊，那它们就能大快朵颐一顿。

冬眠的熊不进食，也不运动，新陈代谢很慢，消耗的能量也很少

冬眠

多数的熊科动物都是要冬眠的，只不过是半睡眠。到了深秋或者初冬的时候，居住在温带和寒带的熊会找一个向阳的避风山洞或者枯树洞去酣睡，依靠体内存贮的食物和脂肪来撑过整个冬天。只有被大的动静吵醒了，它们才会走出洞活动活动，然后再回到洞中继续冬眠。

爱打架的熊们

雄性熊科动物在发情期内会为求偶而争斗。如在冰雪消融之时，北极熊们就纷纷爬出各自的洞穴寻找异性。雄性北极熊们为争夺配偶，相互大打出手。它们后腿站立，龇牙咧嘴，仿佛要用自己的尖牙利齿将对方撕碎。有时候为了征服母熊，雄性北极熊也用打架的方式让母熊"臣服"。

用后腿站立起来，露出尖利的犬齿，是北极熊恐吓对手的表现之一

头部相对较小,细细长长的,和口鼻一起呈楔形

懒惰的健将

熊科动物中,北极熊是一颗耀眼的星。它们不仅嗅觉灵敏,而且奔跑速度极快,连人类的短跑冠军也望尘莫及。它们还是游泳健将,游泳速度丝毫不亚于海洋动物。但是这么优秀的健将,却懒惰得很。北极熊一生中70%的时间,都是在睡觉或者休息。真是个懒洋洋的家伙啊!

头圆

体毛黑亮而长

耳大

眼小

胸部有一块弯月形白斑

吻短而尖鼻端裸露

身体粗壮

北极熊宽大的脚掌下长着厚厚的有防滑功能的长毛,即使在冰上奔跑也不会摔倒

北极熊懒洋洋地躺在雪地上休息

月亮熊

月亮熊以其胸前长有弯月形状的白毛而得名。月亮熊是黑熊的一种,它的视力很差,人们常常管它叫"黑瞎子"。月亮熊能像人类一样坐着,也能像人类一样行走,行动谨慎,性情温柔,很少攻击人类。它们爱吃蜂蜜和果子,哺乳期偶尔食肉。

足垫厚实

月亮熊栖息于山地森林,主要在白天活动,善爬树、游泳,能直立行走

前后足各有5趾,爪尖锐不能伸缩

头大而圆

体形健硕,肩背隆起

错误的传说

人类世界有广为流传的与熊有关的故事。从古希腊寓言中衍生出"遇到熊,立刻躺倒地上装死可以逃过熊的攻击"。但这一做法很可能让你命丧于此,因为对于熊来说,腐肉也是可以接受的食物,所以这么做是很危险的。

如果北极熊生活在赤道会怎样?

奇思妙想

北极生物资源极少,北极熊为了抵挡饥饿,常常会发生同伴自相残杀的情况。

那么,如果北极熊生活在赤道,赤道地带丰富的动植物资源不就可以为它们提供充足的食物了吗?

事实上,北极冰原是北极熊赖以生存的最佳栖息地。这里是地球上最荒凉最寒冷的地区之一,冬天太阳从来不会在地平线以上出现,夏天的阳光也几乎是转瞬即逝,恶劣的自然环境使得这里的生态系统极其脆弱,但对于"北极霸主"北极熊来说这里正是它们的舞台。北极的温度经常会低于 −40℃,而北极熊的体温却能保持在 38℃ 左右,这与北极熊的体毛有很大的关系。北极熊全身长满厚厚的白毛,耳朵和脚掌也不例外,并且它们的毛质具有极其复杂的结构。严格地讲,北极熊的毛分为外层和内层。外层的毛很长,有很多油脂在上面,而且里面是空的,具有保温和排水的作用。在外层长毛的保护下,内层的体毛不会变湿,而且柔软、浓密的内层体毛会使北极熊的体温保持很高。内外体毛的双层保温,再加上厚厚的脂肪,北极的寒冷根本就不可能伤到北极熊,与此相反,它们很怕热。所以,北极熊的生理特征决定了它们只适合在低温环境下生存。赤道地带是地球上最热的地方,当然也就不适合北极熊生存了。随着全球变暖,北极大浮冰开始融化,北极熊的家园正面临着巨大的危险。

饥饿的小白

当地球的北极渐渐朝向太阳倾斜，覆盖在海面上的冰川慢慢开始消融，北极的夏天就要到来了。然而，这个季节对于北极熊来说，实属考验。北极熊要抓紧时间填饱肚子，否则拮据的日子将会很难熬。

在消融的冰川中慢慢走出一头北极熊，我们暂且管这头北极熊叫小白吧。小白在不久前刚刚失去了自己的母亲。它的母亲被一头饥饿的雄性北极熊给杀害并吃掉了。羽翼未丰的小白要独自面对这个世界，在这残酷的世界中挣扎着求生存。值得庆幸的是母亲在的时候教了它一些本领，它现在只能靠这些本领来度日了。

小白的肚子又咕咕地叫起来，它希望能在冰极世界中捕到海豹来填饱肚子。

它找到一块脆弱的冰层，低头仔细寻找着海豹的呼吸孔——它的妈妈已经教给它如何辨识这些孔。它看到了几个孔，觉得这下面可能有海豹。于是，它按照它母亲教它的方法——守株待兔——蹲坐在这几个孔的旁边，耐心地等待。它心里想着等海豹一旦把头从孔里伸出来，它就攻其不备，用尖利的爪钩将海豹拉出来，一口吞掉。可是一连守候了几小时都不见海豹的踪影。它不得不离开这里再做寻找。

这时，它闻到了海豹的味道。它循着味道向前走。果然在不远处，一只海豹妈妈把一只小海豹带到了呼吸孔的上方，自己返回海中捕食去了。小白觉得这是个机会，于是它从小海豹背后的方向蹑手蹑脚地向小海豹靠近，准备等到距离近些再发动突然袭击。可是，就在小白快要到海豹跟前的时候，小海豹发现了它，从呼吸孔一头扎进了海里，小白扑了个空。

小白肚子的叫声越来越大，不行，得换个方法。于是，它朝着那边燕鸥的栖息地蹒跚地走过去，希望能吃几个鸟蛋或者幼鸟。但是，还没等小白走近就被成年燕鸥发现了，它们飞到空中，用尖利的喙直冲小白，小白无力招架，只好落荒而逃。

饥饿的小白无功而返，只能在太阳下打个盹来安抚一下饥肠辘辘的自己。小白明天会捕到食吗？

长颈鹿

长颈鹿头上的一对角很硬

长颈鹿不停转动耳朵寻找声源，直到断定平安无事，才继续吃食

长颈鹿，顾名思义，因为脖子长而得名。长颈鹿身上长着起保护作用的豹纹，所以在拉丁语中，长颈鹿名字有"长着豹纹的骆驼"的意思。它以其"出众"的长相和儒雅的作风而成为人们喜爱的动物。作为世界上现存最高的陆生动物，长颈鹿主要生活在非洲的稀树草原一带，它们以树叶等草食为食，是地道的素食主义者。

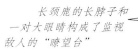

长颈鹿的长脖子和一对大眼睛构成了监视敌人的"瞭望台"

长颈鹿走路不像其他四条腿的动物交替走，而是"一顺边"

活动的"瞭望台"

为了吃到树冠上的树叶和嫩枝，长颈鹿在物竞天择的自然淘汰机制下进化出了长长的脖子和四肢。它成了非洲草原上暴露在外的显眼目标。为了能更好地发现敌人、保护自己，长颈鹿的眼睛进化得很大，眼珠突出，能向四周旋转，视野宽广。美丽的长颈鹿俨然是一座活动的"瞭望台"。

儒雅绅士

长颈鹿是动物中的儒雅绅士。在长颈鹿群体中，它们彼此之间很和睦，很少能看到内讧、打斗，相反它们彼此照应，共同应对来自草原的敌人。如两只长颈鹿互相之间距离很近时，经常把腿轻轻碰向对方，时而还会脖颈相交，看起来很亲昵。

长颈鹿以其高挑出众的身材成为非洲的标志动物之一。

长颈鹿绕颈，互相示好

大长腿

长颈鹿拥有四条大长腿，可以时速 50 千米的速度躲避非洲狮的追捕。但长腿也给它们带来了不便，尤其是喝水的时候，由于细长的头颈不能完全弯曲，所以只能叉开两条前腿，才能勉强喝上水。但喝完水后，想要收拢两腿重新站直，却是很困难的，这时容易被动物攻击，所以长颈鹿尽量减少喝水的次数。

长颈鹿要叉开前腿或跪在地上才能喝到水

多样的花纹

长颈鹿的花纹主要起保护作用，有斑点和网状两种花纹。这两种花纹生长在不同种类的长颈鹿身上，又演变出许多不同的样式和风格。比如，安哥拉长颈鹿斑点大，边缘有缺口，而科尔多凡长颈鹿斑点则较小，较不规则；努比亚长颈鹿斑点呈四方形，乌干达长颈鹿斑点则是长方形；马赛长颈鹿斑点则似葡萄叶。

安哥拉长颈鹿斑点

长颈鹿的皮很厚，相当于大头针的长度

长颈鹿皮肤上的花斑网纹是一种天然的保护色

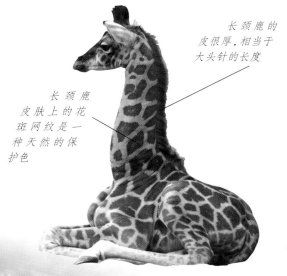

特别的睡眠

长颈鹿睡眠吗？它是怎么睡眠的呢？长颈鹿当然睡眠了，只不过睡的时间非常短，为了不使自己陷入危险和被动，长颈鹿常常一个晚上只睡一两小时。它们从来不躺着睡，一是因为它们身体太大，躺下目标太明显；二是它们站起来需要一分钟，逃生能力因此降低。它们多数是脖子靠在树上假寐片刻。

小鸟来剔牙

长颈鹿有专门的"口腔医生"，那就是牛掠鸟。牛掠鸟常常在长颈鹿的嘴里寻找"剩菜"，顺带帮助长颈鹿"剔牙"。每每这时，长颈鹿就张开嘴巴进行配合，很是享受呢。除此之外，牛掠鸟还经常帮助长颈鹿梳理毛发，在它们身上的寻找"食物"——蜱和蛆。

牛掠鸟喜欢栖息于大型食草动物体上

牛掠鸟为长颈鹿剔牙

长舌头

仔细观察的话，我们会发现长颈鹿用舌头摘食树枝上的叶子时非常轻松，只要舌头轻轻一钩树叶就到了嘴里。

长颈鹿舌头是蓝黑色的，据说那样的颜色或许可以保护它的舌头不被晒伤

如果长颈鹿得了脑出血会怎样？

奇思妙想

More

长颈鹿真不愧是陆地上最高的动物，连刚生下来的幼仔身高也有 1.8 米左右。如此身高，我们在惊叹的同时，也在为长颈鹿担忧，它们是如何低下头来喝水呢？忽高忽低的，长颈鹿肯定会感到头昏目眩，万一长颈鹿患了脑出血怎么办？

长颈鹿的平均身高约为 5 米，当它站立时，头部比心脏高出大约 2.5 米。为了确保新鲜血液输送到大脑中，通常它的心脏泵压可达 300 毫米汞柱，这么高的血压大约相当于成年人血压的 3 倍，比一般哺乳动物的血压高出 2~3 倍。如果一般动物拥有这样高的血压，会立即得脑出血而死。但是，对于长颈鹿来说，这样的血压很正常。

长颈鹿的脖子长 2~3 米，那么要把血液输送到大脑里，必须要有一个能力超强的心脏，只有这样才能够产生足够大的压力把血液压到大脑中，从而满足大脑的需要。长颈鹿的身体正好符合这一要求，成年长颈鹿的心脏的直径就有 0.5 米以上，平均重约 11 千克。因此，当长颈鹿抬头吃树叶的时候，它强有力的心脏会用强大的压力把血液推到大脑里去。而当长颈鹿低头喝水的时候，这么高的血压会不会把长颈鹿的脑袋压得爆炸呢？看看泰然自若的长颈鹿，我们就没必要为它担心了。奥秘就在于长颈鹿脖子的血管里有很多瓣膜。当长颈鹿低头的时候，这些瓣膜会自动关闭或者半关闭，从而降低了流向头部血液的压力。此外，长颈鹿的脑袋里还长有一层海绵状的血管网，它可以自动吸收多余的血液。有了这些特殊的身体构造，长颈鹿在大幅度的活动时就不会得脑出血。

愤怒的长颈鹿

落日的余晖给非洲草原镀上了一层金黄，天边的云层也被镶上了金边。每天差不多这个时候，非洲草原就开始热闹起来，动物们来到水塘边喝水、洗澡、消暑，而往往它们的天敌也会在附近伺机而动。

一只长颈鹿妈妈带着刚出生不久的小长颈鹿也来了。喝水对于小长颈鹿来说可是一个不小的难题。腿长，脖子长，怎么才能够喝到水呢？小长颈鹿学着妈妈的样子，奋力叉开双腿，小心翼翼低下头，把嘴巴伸进了水塘里，终于喝到水了，"咕咚，咕咚"小长颈鹿一口气喝了个够。

喝饱了水，长颈鹿妈妈带着小长颈鹿朝着草原中心那棵像伞一样的树走去。可还没有走到那棵树，小长颈鹿就累得直接瘫坐在地上。长颈鹿妈妈知道对于刚出生不久的长颈鹿宝宝来说，它的体力不足以支撑到那棵树。于是，长颈鹿妈妈让小长颈鹿休息片刻，它站在那里放哨。它觉得时间差不多了，就用蹄子温柔地踢踢小长颈鹿，可是小长颈鹿撒娇似的不愿起来。

忽然，长颈鹿妈妈加大力气，使劲踢小长颈鹿，节奏紧张而急促。不明情况的小长颈鹿被迫起身，刚要站起来就跌倒了，再次努力后终于站了起来。长颈鹿妈妈带着小长颈鹿奋力向前跑。

果然，它们的敌人——一群饥饿的狮子紧跟而来。这些草原上的"肉食动物"早已算计好了时间，想不费吹灰之力将猎物拿下。体力不支的小长颈鹿被一群狮子追上了。其中一头狮子咬住了它的脖子，它倒下了。一群狮子蜂拥而上。长颈鹿妈妈看到了，想掉头回来，可狮子群中一头母狮子正朝着她走来……看着孩子的惨状，长颈鹿妈妈愤怒了：它的眼睛充满了血，朝着狮子狂奔而去，一脚将母狮子踩在脚下。它的愤怒和仇恨像火山一样爆发了，一顿狂踢之后，母狮子很快就一命呜呼了。其他狮子被愤怒的长颈鹿妈妈吓傻了，它们慢慢地撤退了。

长颈鹿妈妈看着惨死的孩子，朝着夕阳的方向哀嚎了一声，泪水从眼角滑落……

大 象

大象，是陆地上最大的哺乳动物，是丛林和草原上彻头彻尾的素食主义者。白象牙、长鼻子和大耳朵是大象一族显著的外形特征。长鼻子和大耳朵对大象而言有着非比寻常的重要意义，象牙却因它的珍贵性，给大象带来了威胁和灾难。当然，并不是所有的大象都长有象牙。象科动物有两个种类，即非洲象和亚洲象。非洲象都有象牙，而亚洲象只有公象才有象牙。

亚洲幼象

耳朵的特殊功能

大象灵敏的听觉得益于像蒲扇一样的大耳朵。这一对大耳朵宽度近 1 米，有利于收集音波，所以它可以听见周围的任何风吹草动。而且大耳朵还是重要的散热"武器"和赶苍蝇的有力工具。

耳朵大如扇

终生生长的门牙

灵敏的嗅觉

大象因其庞大的身躯为人类所熟知。都说"站得高，望的远"，可是大象的视力却不怎么样，但嗅觉出色。大象灵敏的嗅觉来源于它强大的鼻子，依靠嗅觉，可寻找食物及识别家庭成员。而且其长长的鼻子还是进食和搬运物品的主要工具以及进行攻击的有力武器。

鼻孔在末端，鼻尖突起

四肢粗大

群居生活

大象过着群居的生活。它们以家族为基础结群。在一个家族中，雌性大象占有绝对领导的地位，决定着整个家族中的大事小情，诸如每天的活动场地、活动时间、迁徙路线、进食地点、休息场所等问题全部由领头的雌性大象决定。而雄性大象则将自己的主要精力放在保护家庭安全上。

素食主义者

在动物世界里，相对其它动物而言，大象是个随遇而安的物种。它们常活动于丛林、草原和河谷地带，以这些地方生长的嫩树叶、野果、野草为食。大象每天可以吃掉 225 千克的草，一生中最多可吃掉 6 570 吨草，可真是大胃王。

大象以嫩树叶、野草和野果为食，
食量极大，每日食量在225千克以上

超强记忆

大象有着超强的记忆能力。有英国的科学家针对大象的记忆能力做了一个实验：锁定其中某些大象，观察它们经常与哪些大象来往；然后把与之交往的大象的声音录下来。结果发现，这些目标大象对它们熟悉大象的叫声会做出反应。即使这个大象已经死了一年多，只要播放这头大象的声音，它们仍然会做出反应，可见大象记忆之强。

大象经过训练，能够做出多种
动作，给人们带来欢乐，比如作画

被割开面部
取走象牙的大象
和偷猎过后剩下
的大象残尸

生存现状

很久以来，象牙一直被视为上好的奢侈品材料，在人类中备受追捧。大象引以为傲的洁白象牙却为它们引来了杀身之祸。加上不当的人类活动，严重破坏了大象的栖息地，使它们的生存空间受到限制和威胁。目前，象的生存状况不太乐观。

大象公墓之谜

在人类文化中，流传着这样的传说：大象在临死之前都会前往一个神秘的地方，静静地等待死神的来临。这个神秘的地方只有大象知道，人类不得而知，这个地方就是大象公墓。大象公墓真的存在吗？实际上，大象公墓到现在为止只是一个传说。目前还没有证据可以证明大象公墓真的存在。

如果大象的鼻子变短了会怎样？

奇思妙想

大象给人的印象总是拖着长鼻子，悠闲自在的散步。没有人会想到，性格温顺的大象在发威时，会毫不费力地用它的长鼻子拔起一根几百千克的大树，身小力薄的动物根本不是它的对手。即使遇上像狮子这样的猛兽，大象也会挥动着鼻子抽打敌手，并将它卷起抛入空中，摔个半死。大象的长鼻子威力这么大，假如没有了它，大象不仅会受到其它猛兽的袭击，而且还会因为喝不到水、吃不到树叶……而被自然界淘汰。

大象的长鼻子是自然进化的结果，也是它们特有的标志之一。大象是4000多种哺乳动物中鼻子最长的，它们的鼻子实际上是由上唇和鼻子合并向前延长而形成的，是由四万多条肌纤维组成的，能够灵活运动。大象的鼻子是取食、吸水的工具，也是自卫时的有力武器。成年大象的鼻子约重154千克。

大象鼻子的顶端有一个突起物，它集中了大量的神经细胞，感觉特别灵敏；大象的鼻子如人手一样十分灵活，能随意转动和弯曲。因此，会看到动物园里的大象能用鼻子搬重物、拔钉子、解绳子，甚至连绣花针也能捡起来。更有趣的是，它们用鼻子来传递友好的信息，人类用握手表示问候，大象的鼻子互相缠绕在一起也起这样的作用。大象还很喜欢水浴，常常在河边或水塘边用长鼻子吸水冲刷身体。大象的鼻子在顺风条件下，可以闻到几十米甚至一千米以外的异常气味，还可以确认附近的动物在干什么。大象还常常把鼻子当拐杖探路和武器，碰到"敌人"时，它就用甩鼻子这一招，有时竟能打断"敌人"的几根肋骨。

可以说，大象的长鼻子如果变短了，它将寸步难行。

迷失的小象

旱季的非洲草原，大象首领的宝宝刚刚出生了。

小象出生几小时后，就颤颤巍巍地站起来了。它出生的时机并不是太好，在这个少雨的季节，植物都被吃得差不多了。所以象妈妈——这个族群的首领决定带着自己的家族迁徙。它们要到枝叶茂密的森林去，或者去乞力马扎罗山脚下也是不错的选择。

象妈妈让小象吃了几口奶就带领着族群上路了。天气炎热，路上很少能见到湿地或者沼泽。小象走了没多久就又饿了，它拱到妈妈的肚子下想要吸几口奶，可是被妈妈拒绝了。大象首领必须保证自己身体的水分，以确保自己带领大家顺利达到目的地。

小象走了一会儿就累了，它倒在路边想休息一下。此时这么躺在裸露的草原上，是一件非常危险的事情，因为食肉动物随时会出现。象妈妈看护着小象，让它休息了片刻，便用像柱子一样的前肢推推小象，示意它起来。小象极不情愿地站起来跟在队伍后面。此时的小象一刻也不能离开妈妈的视线，否则会很危险。大象妈妈吼了一声，小象快跑了两步来到了妈妈身边。

终于，前面有一个沼泽地，群象立马来了精神，纷纷跑到沼泽里喝水、洗澡、嬉戏，顺带给皮肤做"面膜"——用鼻子往身上甩泥，可以防止太阳晒伤皮肤。群象尽情享受没有食肉动物威胁的宝贵时光。

快到目的地了，已经能看到草丛和茂密的森林了。这时，首领发现了一堆象骨。根据经验判断，附近有人类。果然，另一边的树林里响起了枪声，象群一下子混乱起来。大象们跟着首领朝前跑去，那仍旧是目的地的方向。可惜小象被高高的草丛和象群踏起的尘土遮住了视线，看不清方向，再加上恐慌，它居然在草丛中朝着另一个方向狂奔。

小象看不到妈妈心里非常恐惧，加快脚步奔跑，可怜的小象越跑离妈妈越远。

暮色降临，小象将独自度过这个夜晚。它能安全挺到天亮吗？它能否躲过食肉动物的袭击吗？在自然考验下，它能生存下来吗？还会与妈妈相见吗？……

海 豚

　　海豚是海洋中的"杂技"爱好者和表演者，它们喜欢在快速游泳的时候表演特技。正是海豚这种友善长相和喜欢杂耍嬉闹的性格，人类才对海豚青睐有加。海豚科是海洋哺乳动物中种类最多的一个科，它们的家族非常庞大，就连虎鲸也归为海豚科。但是由于人类的过度捕捞和滥杀，海洋垃圾、石油污染等环境污染让海豚的生活环境急剧恶化。更为严重的是，人类的水下作业产生的噪声污染严重干扰了海豚声呐的判断，海豚"事故"时常发生。

经过训练，海豚能够学会钻火圈、打乒乓球等很多技能

高度社会化

　　相对于其他海洋动物，海豚是高度社会化的动物。它们本身就喜欢拥抱和抚摸，通过这种方式，彼此之间的关系很融洽。海豚族群是个"和谐社会"，它们和谐友善，互相帮助。如果成员中有一只海豚生病了或者受伤了，那么其他海豚会主动提供帮助。如果遇到鲨鱼等天敌，它们会团结一致，对付外敌。

海豚喜欢过集体生活，时常结伴而行，少则几头，多则几百头

特别的求偶

　　当雄性海豚逐渐性成熟，求偶也就成为了它们的"重要工作"。雄性海豚会一直待在雌性海豚堆儿里，整天和雌性海豚厮混在一起。一旦雄性海豚发现了自己的"意中人"，就立马展开求偶攻势。它们会日夜守在雌性海豚的身边，防止雌性海豚和别的雄性海豚交配。

体形流畅

弯如钩状的背鳍

海豚科动物游泳方式独特，整个身体以小角度跃离水面再以小角度入水

友爱大家庭

当雌性海豚分娩的时候，其他雌性海豚会主动游过来，守护在分娩的雌性海豚旁边。如果有鲨鱼过来，它们就会团结一致，齐心协力把鲨鱼撞死。当海豚妈妈需要觅食的时候，其他的雌性海豚就成了"托儿所"里的阿姨了，它们一起照顾小海豚。

低调的智者

海豚行事低调，但是依然掩盖不住它们的"聪明"特质。有科学数据证明，海豚的确是一种聪明的动物。海豚相对于其他动物而言，大脑沟回要多得多。沟回越多，智力越高。海豚的大脑质量比人类的脑质量还大，只是相对于海豚庞大的身躯，脑袋所占的比重小了点。

善良的表演家

海豚是天生的表演家。它们擅长表演各种杂技，比如钻铁环、头顶篮球、亲吻等。它们还是天生的歌唱家，它们的声呐发出的声音有时候悦耳动听，好像是在唱歌。

集中多才艺于一身的海豚，还天生是个慈善家，它们不仅互相帮助，还会帮助人类。海豚救人的事情常常见于报道。

海豚救人

虎鲸PK座头鲸

不得志的虎鲸

作为海豚科最厉害的成员，虎鲸是海洋中的顶级杀手。然而，虎鲸遇上座头鲸，常常不能如意。座头鲸似乎专门跟虎鲸作对，阻止它猎食。虎鲸在捕猎海豚时，座头鲸会呼唤自己的同伴前来相助海豚，合力将虎鲸赶走。

如果海豚在水里睡着了会怎样？

奇思妙想

人类需要睡觉，动物也同样需要睡觉，而且动物的睡姿多种多样：比如猫是捂着耳朵贴地面睡，大象是站着睡，老虎是趴着睡……而海豚似乎很少有静止的姿态，它们日夜都在波涛汹涌的海洋里跳跃、游动。海豚会睡觉吗？如果海豚在水里睡着了会因无法呼吸而被淹死吗？

当人睡觉时，左右大脑同时进入了休眠状态。而海豚有特殊的睡觉方式。海豚在睡眠时，它的呼吸和神经系统有着特殊的联系。实验证明，海豚是在有意识的状态下进行睡眠的。在睡眠的时候，海豚半个大脑属于清醒状态，也就是只有一侧大脑是停止活动的，而另一侧大脑仍保持清醒状态，只是警觉度较低罢了。什么时候需要浮上海面呼吸新鲜的空气，就必须听它发出指令。海豚左右两侧大脑会自动交替工作和休息，大约间隔十分钟，两个大脑半球自动换班一次。因此，我们才会看到海豚身体一直是照常的游动姿态。由此看来，如果海豚在水里睡着了，也不会因为无法呼吸而呛到水，导致丧命的！

海豚为何有如此高超的睡觉"技能"呢？这与它发达的大脑分不开。某种程度上，大脑回沟数量越多，智力越发达，海豚的大脑拥有数量可观的回沟。而且海豚的脑体积和脑质量在动物中首屈一指，与灵长类动物非常接近，被称为"海中智叟"。它发达的大脑可以很好地控制自己大脑两边轮流休息，不至于让自己在睡觉的时候无法呼吸或者呛水而死。如果我们人类也能像海豚一样可以控制自己大脑轮流休息，那么人类的文明进程将大大加快。

幼鲸学捕食

一只尚不能独立的小虎鲸跟在妈妈身边，这些天它要学习的课程是如何捕食。这位虎鲸妈妈真是一位合格的老师，它没有太多的"语言"，而用亲身实践为她的孩子做示范。

瞧前面的海面上飞翔着几只海鸟，虎鲸妈妈立刻翻过身来，把腹部朝上。远处的海鸟看到了，以为是死了的鲸鱼呢，拍打着翅膀争先恐后地飞了过来。海鸟刚刚停在虎鲸身上，还没有张开嘴啄食，虎鲸一个翻身，张开血盆大口，将它们一口吞下。小虎鲸在一旁吃惊地看着这一幕。

这点儿食物根本满足不了虎鲸妈妈，它带着小虎鲸继续向前游去。前面的鱼真多呀，乌压压一片。虎鲸妈妈发出了召唤同伴的声音。不一会儿其他虎鲸就闻声赶到了。鲸群追逐鱼群，小虎鲸也加入了驱赶鱼群的行列。鱼群与虎鲸们周旋了许久，已经缺氧的虎鲸们失去了耐心，而鱼群此时也精疲力竭。虎鲸们用尽最后的力气将鱼群驱赶成了一个大球，鱼儿已经无力挣扎，任虎鲸们狼吞虎咽。小虎鲸也加入其中，美美地大餐一顿。

鲸群并没有散去，它们结伴而游，小虎鲸就在其中。它们不时地从水中把脑袋伸出来，喷出水柱。它们这样做，一是为了呼吸，二是为了观察周围环境和找寻猎物。

这时，发现前方的浮冰上有一只海豹。虎鲸们非常默契地朝着那个方向游去。它们整齐地排成一排，在海豹所在的浮冰下游过。海面上立刻出现了一个大波浪，这一阵波浪差点儿把海豹从浮冰上冲下去。海豹惊恐地用双鳍奋力朝冲来波浪的反方向滑动，终于安全地扛过了第一次波浪。游过去的虎鲸又从水中探出脑袋，看海豹此时在浮冰上的位置。它们再次潜入水中，从相反的方向游过来。这次这个波浪要比上次大得多，有力得多。一个浪头过来，海豹没有抓稳，被冲了下去。

到了水下的海豹并没有束手就擒，它奋力向浮冰游去，虎鲸不紧不慢追随其后。惊恐的海豹竭尽全力爬上了浮冰，结果一只虎鲸举起巨大的尾巴一下子把浮冰打碎了。海豹忙不迭爬上最后一块相对大一点儿的浮冰，想抓住最后的一根救命稻草。虎鲸妈妈伸出脑袋，海豹的尾巴就在它的嘴边，只要它愿意，一口就能把海豹拖入水中吞掉。此时海豹已无处可逃，但早已被鱼群填饱肚子的虎鲸已没有兴趣再吞一只海豹了。虎鲸妈妈带着小虎鲸和鲸群一起离开了……

袋鼠

袋鼠是有袋动物的典型代表。袋鼠凭借着强壮有力的后腿成为跳得最高、最远的哺乳动物。它们是澳大利亚一张闪亮的名片，主要分布在澳大利亚大陆和巴布亚新几内亚部分地区。在澳大利亚大陆，生活着各类的袋鼠。从雨林到沙漠，再到平原，随处可见袋鼠的身影，它们是这片大陆真正的主人。在这片广袤的土地上，它们在上演怎样的一幕呢？

袋鼠的尾巴粗而长，长满了肌肉。袋鼠休息时可以靠它支撑身体，跳跃时又可帮助袋鼠跳得更远

美丽传说

袋鼠以群居为主，有时可多达上百只

袋鼠的英文名字是"Kangaroo"，据说这个名字是一个叫约瑟夫·班克斯的航海旅行家给起的。他第一次航海旅行到现在的库克镇港口，在靠岸修船期间他首次看到了"袋鼠"这种动物，感觉很新奇，就问当地居民这是什么动物，当地居民说"Kangaroo"，尽管当地人的意思是"不知道"，但约瑟夫以为这就是这种动物的名字，后来这个名字便流传开来。

强烈排外

袋鼠是一种非常贴心的动物。它们常常只吃贴近地面的小草，而把长草与干草留给其他动物。然而就是这样暖心的袋鼠，居然是排外性很强的动物。它们几乎不能接受外族的成员进入自己的本家族。就算是自己本家族的成员，一旦离开本族的时间过长，这个家族就不欢迎它回归了。

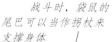

战斗时，袋鼠的尾巴可以当作拐杖来支撑身体

御敌有术

袋鼠凭借自己强大的尾巴成为动物界中御敌有术的佼佼者。当袋鼠休息时，尾巴可以作为"拐杖"支撑自己的身体；奔跑时，尾巴可以作为平衡身体的平衡器；战斗时，尾巴变成了进攻和防御的有力武器。当袋鼠遇到敌人，它们常常会把尾巴支撑在地上，后腿腾空而起，朝着敌人的身体，给予重重的一击。

袋鼠的后腿强健而有力。袋鼠以跳代替跑步，最高可以跳起4米，最远可以跳出13米

田径全能天才

　　袋鼠被称为田径全能天才,在跳高、跳远、奔跑等方面都很优秀。人类田径比赛中的蹲踞式起跑就是受到袋鼠奔跑前姿势的启发而创立的,这被认为是"短跑技术革命"的起跑技术。

在妈妈的口
袋里的小袋鼠

神奇的育儿袋

　　袋鼠因为身上长有育儿袋而得名。每个雌性袋鼠的前面都有一个朝前开口的袋子,这就是袋鼠妈妈的育儿袋。这个小小的育儿袋可有大大的作用。育儿袋里有乳头,小袋鼠出生后,摸索着爬到妈妈的育儿袋里吮吸乳汁,到它能独立活动为止,需要在这里度过七八个月的时光呢。

调皮的小袋鼠

　　小袋鼠要在妈妈的育儿袋里待上七八个月。可是这些小家伙从来都不老实。它们对袋子外面的世界充满了好奇,总想把脑袋伸出来看看外面的世界。每每这个时候,袋鼠妈妈总是无情地把它们的脑袋给按回去。小袋鼠可调皮了呢,它们常常在妈妈的育儿袋里拉屎尿尿,妈妈还要时常用嘴巴和舌头帮它们"大扫除"。

开 始 独 立
生活的小袋鼠

大赤袋鼠

　　若要说袋鼠类的代表种类,非"大赤袋鼠"莫属。大赤袋鼠生活在澳大利亚大陆东南部,被称为"有袋动物之王"。它们主要在夜间活动,喜欢以树、洞穴和岩石裂缝作为遮蔽物。在这些隐蔽的地方,大赤袋鼠过着群居的生活。它们敏感而胆小,长期进化之后衍生了灵敏的视觉、听觉和嗅觉,那是它们在这片广袤的土地上求得生存的法宝。

大赤袋鼠又称"红袋鼠",雄性袋鼠的毛色是红色或红棕色的,雌性袋鼠的毛色是蓝灰色的

如果袋鼠妈妈没有育儿袋会怎样？

奇思妙想

袋鼠大多生活在澳大利亚广阔的草原或原始森林中，是一种低等的哺乳动物。它们中有的只有老鼠那么大，有的比人还要高大……虽然袋鼠的体型、习性等有很大的不同，但它们有一个共同点：后腿强键而有力，并且所有的雌性袋鼠都长有一个前开的育儿袋。育儿袋里有四个乳头，新生的小袋鼠会寻找温度和脂肪含量合适的乳头来吸吮。随着小袋鼠的成长，它会选择适合自己需要的其他三个乳头。

袋鼠是一种古老的动物，雌袋鼠体内没有胎盘，小袋鼠在妈妈的肚子里得不到足够的营养。袋鼠妈妈在"妊娠"40天左右便把小袋鼠产下了，而新生的小袋鼠根本无法独立生存。小袋鼠待在育儿袋里吸收母体的营养。育儿袋就像一个开放的子宫，它里面的乳头为小袋鼠的成长提供了丰富的营养物质，小袋鼠在育儿袋中含着乳头就相当于子宫中婴儿的脐带和母体相连。袋鼠的育儿袋有着强韧的肌肉，小袋鼠可以在里面随意地蜷缩、伸展它的身体。此外，袋鼠妈妈还会随环境的好坏来调节小袋鼠在育儿袋内的"妊娠"时间，如果遇到不好的年份，小袋鼠会在育儿袋里面待的时间长一些。一般来说，小袋鼠在七八个月后，就可以爬出育儿袋到外面去生活。由此可见，袋鼠妈妈的育儿袋是袋鼠这一物种得以延续的摇篮，也是小袋鼠赖以成长的最佳环境。如果袋鼠妈妈没有育儿袋，那么刚出生的袋鼠宝宝就无法获得营养，小袋鼠也就不能存活下去了。

袋鼠王长成记

黄昏，袋鼠妈妈拖着笨重的身子从自己的"安乐窝"中走出来觅食。

不多时，正在吃草的袋鼠妈妈忽然停住了，站在那里一动不动。哦，原来是小家伙们要出生了。小家伙一个接着一个地出生了，四个孩子闭着眼睛，靠着本能在妈妈的皮毛里向上爬，它们要到属于自己的地方——育儿袋中去。

四个小家伙跌跌撞撞地爬进了妈妈的育儿袋中，争先恐后地抢着吮吸妈妈的乳头。妈妈的育儿袋中有四个乳头，两个高脂肪，两个低脂肪。不幸吃到低脂肪的最小的两个小家伙不太容易吃饱，因为它们抢不过它们的哥哥和姐姐。没过几天，最小的两个小家伙就死了。

剩下了袋鼠哥哥和袋鼠姐姐继续生活在妈妈的育儿袋中。姐姐是最先出生的，她的好奇心很重，经常窥探外面的世界，袋鼠妈妈总要把她按回去，可是依旧管不住她的好奇心。

一天，趁妈妈不注意，姐姐又探头出来，突然一个趔趄从妈妈的育儿袋中掉出来了。妈妈让她回去，可是倔强的姐姐根本不听。危险悄然而至，树上的契尾雕已经盯上它很久了，突然箭一般地冲过来，契尾雕有了美味的晚餐。就这样，四个小袋鼠最后只剩下袋鼠哥哥了。

九个月了，袋鼠哥哥从妈妈的育儿袋中出来了，它要独自面对这个世界了，因为妈妈又怀孕了，它再也不能回到妈妈的育儿袋中了。

有了姐姐的教训，袋鼠哥哥行事特别谨慎，不给自己天敌任何机会。它还跟所有的小伙伴们打斗，锻炼自己的肌肉和战斗技巧。袋鼠哥哥很快就打败了它们族群中所有袋鼠。

成年的袋鼠哥哥有了求偶的需求，可是它看上的是另一个族群的袋鼠姑娘。袋鼠是一个排外性很强的物种，无奈，袋鼠哥哥只能通过武力征服那个族群了。

依靠强有力的肌肉和高超的战斗技巧，袋鼠哥哥打败了袋鼠姑娘那个族群所有的公袋鼠，赢得了袋鼠姑娘的芳心。袋鼠哥哥也因此成为了这一带名副其实的"王"，没有谁敢招惹它，就连袋鼠们的天敌对它也忌惮三分。

猫科动物

你知道吗？小到家猫，大到老虎、狮子，它们都是猫科成员。大部分猫科动物生活在森林或者丛林中，有的喜欢群居，有的喜欢独处，习性各不相同。它们身体敏捷矫健，善于长距离奔跑，有的善于爬树。长尾巴在跳跃或爬树时可起到平衡身体的作用。它们大都喜欢吃肉，尤其像老虎、狮子和猎豹这样的大型猫科动物，个个都是顶级猎手。它们拥有匕首般的牙齿、锋利的爪子、敏锐的嗅觉、惊人的速度，加上无与伦比的力量，使它们成为地球上所有动物中最凶猛的一类动物。

身体健美

虽然多数猫科动物体形瘦削，四肢粗壮，身体柔软，但肌肉发达、结实强健，尤其是在运动时，身体的每条曲线都弯成优美的弧线。

猎豹奔跑时身体的美丽线条，尾巴就像一个灵活的舵掌握着身体的平衡

尖牙利齿

猫科动物的牙齿数量不是很多，但很锋利，有 28 到 30 枚，分为犬齿和臼齿。犬齿像利剑，又尖又长，是猎杀动物的主要武器。臼齿分为裂齿和切齿，作用分别是撕裂动物的肉和切开动物的肉。由于拥有这些特殊的牙齿，猫科动物特别适合吃肉。

犬齿

粗糙的舌上带倒钩的舌突

粗糙的舌头

没事情干的时候，猫科动物都喜欢用舌头去梳理皮毛。别以为它们的舌头很光滑，它们的舌头粗糙得很，就像粗糙的砂纸一样。老虎和狮子的舌头上还布满了带倒钩的舌突，方便它们从猎物的骨头上剥肉。

臼齿

美丽的皮毛

猫科动物遍布除南极洲以外的世界各地。它们身上皮毛密而柔软，有光泽，体色由灰色到淡红、浅黄以至棕褐色，有的还有美丽的斑点。它们在食肉类动物中是毛色绚丽的类群，而且花斑和色彩可以让它们与环境融为一体，起着保护色的作用。

猎豹的黄色毛皮上的黑色斑点是实心圆

花豹的斑点则是如花朵状的空心圆

视野宽阔

猫科动物的眼睛最大的特点就是像人眼一样，位于头部的正前方，大而突出，视野宽阔，而且可以看到彩色的物体，接近人类的双目视野。与人类不同的是，猫科动物的眼睛在不同的光线下瞳孔可以迅速变换大小，尤其是在昏暗的光线中，视力比大多数动物都要好，但在全黑的环境中它们也是无法看见物体的。

猫晶莹剔透的眼睛发亮是因为它能反射光线

老虎有敏锐的听力，对高频率音波尤其敏感，且两耳可随声波来源而转向

听力灵敏

仔细观察，你会发现大部分的猫科动物的头大而圆，但鼻子和下颌短小，引人注目的是那对竖着的大耳朵。声音传来时猫科动物通常将头转到声音来源的方向，竖起的大耳朵像雷达天线一样转动着搜索声音，它们可以听到很多人类听不到的声音。

猫科动物鼻尖上的皮一般是黑色、红色或是粉色的，通常冰凉而潮湿

如果剃除了猫科动物的胡须，不仅会影响它们的外貌，而且会削弱它们的感觉能力

待在树上守株待兔、以逸待劳的捕猎，是花豹常用的捕猎方式之一，居高临下的优势可使花豹从容不迫地等待猎物自投罗网

捕食技巧

猫科动物在漫长的进化中，进化出了很多独特的捕食技巧：有守株待兔式坐等猎物上门的，如花豹；有穷追不舍主动出击型的，比如猎豹；也有群体作战的，如狮子……花样很多。

狮子是最好的猎手之一，它们拥有谋略、耐心以及完美的团队协作能力，展现出一种所向披靡的猎杀本能

跳跃能力

猫科动物拥有强大的跳跃能力，虎的跳跃高度能达到 2.2 米到 2.4 米，比自身的体长还要多一点，而猫的跳跃高度更强，能达到自身体长的 4.5 倍。独特的身体结构和身体各个器官的配合，使大型猫科动物成为地球上最凶猛的动物。

猎豹属于主动进攻型的猎手，它的速度非常快，如果在 30 秒内猎豹捉不到羚羊，它们就会因身体过热而不得不停下来，从而丧失捕猎的机会。这大概也是猎豹为追求速度而付出的代价

囫囵吞枣

说猫科动物进食是囫囵吞枣，一点都不为过。虽然造物主赋予了它们颌部强大的力量，上下颌配合可将猎物的骨头咬碎，但是它们依靠关节相连的上下颌只能上下运动，而无法左右移动。当它们合紧颌部时，上下牙齿就相互契合在一起，像相互咬合的齿轮，只能撕裂或压碎猎物，却无法咀嚼，许多食物只能被囫囵吞下，最后靠胃液来帮助消化了。

狮子吃东西从来不咀嚼，一餐最多可吞下 43 千克的食物，不过通常吃了八九千克后就饱了

嗅觉灵敏

所有的猫科动物都有灵敏的嗅觉。这得益于它们鼻子里大量的嗅觉神经。因此猫科动物可以在令人吃惊的距离上嗅出猎物或它们喜爱的食物。猫科动物的长胡须不是白长的，胡须末端连着很多感觉神经，可以用来探察周围的情况，如物体与物体之间的距离。

狮子的鼻子

大和小

沙丘猫是最小的猫科动物之一

最大的猫科动物是西伯利亚虎，它是老虎中体型最大的，比非洲狮还大。最小的猫科动物是生活在印度南部和斯里兰卡的浅色斑点猫。成年雄斑点猫的平均身长为 63.5~71.2 厘米，平均体重仅为 1.36 千克。

西伯利亚虎，体长达 4 米，体重可达 384 千克

如果猫从树上掉下来会怎样？

奇思妙想

墙头上、大树上经常会出现猫的矫健身影，它在如此高的地方行走，万一不小心从上面掉下来是不是会像人一样摔伤呢？

其实猫的确不怕摔。因为猫所特有的身体条件保证了它掉下来时能够安然无恙。

猫有一种极强的平衡能力。猫从高处下落的一瞬间，它的眼睛就会很快辨识出地面是否平坦。与此同时猫内耳的平衡器也会感觉到身体失去了平衡，它会及时把这一信息传递给延脑，延脑一方面把信息传达给"司令部"——大脑，另一方面向下传达给脊髓。脊髓中的脊神经则会把失衡的信息再传给四肢的肌肉，而这些肌肉会以最快的速度调整全身整体的肌肉，从而保持身体的平衡。所以，当猫从空中下落时，不管开始时怎么样，即使是背部朝下，四脚朝天，在下落过程中，猫总是能迅速地转过身来。从高处掉下来的猫的第一个动作就是及时扭转自己的身体。这样，猫在落地之前有了充分的准备，而高高地翘起的尾巴也有助于身体平衡。再加上猫的脚底长有又厚又柔软且富有弹性的肉垫，可以减缓猫身体震动。更有趣的是猫在下落时会让自己浑身的肌肉放松，这样它在触地时就可以避免关节和肌肉的损伤。除此之外，猫的肢体很发达，前肢较短，后肢较长，很适合跳跃。其发达的运动神经、柔软的身体、柔韧性很强的肌肉，使得猫的平衡能力在动物中也是首屈一指的，因此尽管攀爬跳跃时的落差很大，猫也不会有危险。

狮子王的无奈

阳光暖暖地照在非洲大草原上。在这水草丰茂、食物充足的季节，一群吃饱喝足的狮子慵懒地沐浴着阳光打盹儿。十来只母狮带着它们的孩子躺在一起，看它们那熟睡的样子，耳旁似乎传来了它们的呼噜声。不远处的老雄狮也睡得正香。忽然，睡梦中的老雄狮翻身醒了过来。它头上那对敏锐的耳朵"唰"地竖了起来，两条结实的前腿也不由自主地立了起来，一副万分戒备的状态。谁敢侵犯大名鼎鼎的狮子王的领地呢？

原来，在不远处，有两只年轻的成年狮子兄弟正慢慢地逼近。来者不善啊！老雄狮发出一声低吼，母狮们吓得一激灵，都站了起来把孩子围在中间，期许的眼神望着老雄狮。

老雄狮怒吼一声跳了起来，入侵者被吓得暂时停下了脚步。短暂的犹豫之后，入侵者们又慢慢向前挪动脚步，没有丝毫退却的意思。一场恶战即将展开。它们渐渐地逼近了，狮群所面临的威胁越来越大。年轻的雄狮兄弟，显得咄咄逼人。这让老雄狮忍无可忍了，它愤怒地吼叫着向不远处的敌人冲了过去，巨大的冲击力将其中一个侵略者狠狠地撞翻在地。老雄狮凭着它那略胜一筹的体型和多年的战斗经验，暂时处于上风。正当它用前爪紧紧地按住地上的小辈对其加以撕咬时，另一个入侵者抓住机会，如旋风般地从侧面冲了过来。它不得不放开地上的敌人，迎战眼前这个更有力的挑战者。趁着同伴和老雄狮交战的空当儿，地上的雄狮悄悄地站了起来，再次加入战斗。战斗越来越激烈了，两个入侵者越战越勇，老雄狮却渐渐地体力不支，显得有些寡不敌众了。

终于，老雄狮从积极的进攻转为消极的防守了。这时，两个入侵者从左右夹击，老雄狮猝不及防，被撞倒在了地上。两个入侵者跳到它的身上，狠狠地向它的致命部位咬来，它用尽全身力气撕咬开压在自己身上的两个入侵者，站了起来，仓皇地逃向了远方的草原，连和妻子、儿女告别的机会都没有。但它知道，在它的身后，那两个入侵者将会还有一番较量，最后的胜者将统领它的地盘。新的统治者会霸占它的妻子，并把它的儿子全部杀死。

老雄狮一瘸一拐地走在夕阳中，落寞的背影叙说着一个狮子王的无奈。

鲸 鱼

鲸鱼是鱼类吗？答案是否定的。鲸鱼因为名字中带有"鱼"的字样，常常被误认为是鱼类。其实鲸鱼是哺乳动物，它们靠肺呼吸，每隔一段时间就要浮出水面换气。根据有无牙齿，鲸鱼分为须鲸亚目和齿鲸亚目两个亚目，像蓝鲸、长须鲸、座头鲸、塞鲸、灰鲸与小须鲸等都属于须鲸亚目须鲸科。

塞鲸

须鲸名字由来

须鲸一词在挪威语中的意思是"有深沟的鲸"。须鲸之所以叫这个名字，与它们的体型分不开。须鲸成员大多长有喉腹褶，就是下颌到肚脐之间那些像长沟一样的褶皱。这些褶皱成为须鲸一族的鲜明特征。

须鲸的褶皱

蓝鲸的尾巴

须鲸的迁徙

须鲸亚目中的大多数成员都会做南北迁徙。寒冬时节，它们会游到温带或者热带地区去繁衍它们的后代；而到了炎热的夏季，它们则会选择到极其"凉爽"的两极去获取丰富的食物。最具代表性的须鲸中最大和最小的两个物种——蓝鲸与小须鲸——甚至会游到南极极南端的寒冷海域。但是也有例外，布氏鲸就没有明显的觅食期与繁殖季的划分，它们似乎从来不曾迁徙。

狼吞虎咽大胃王

用"狼吞虎咽"来形容须鲸科动物的摄食行为毫不夸张。须鲸没有牙齿，进食的时候只能通过"过滤"的方法来获取食物——连同海水和食物一同吞下，展开褶皱，增加口腔的容量，用嘴把剩余的水"过滤"出去，把"干货"咽到肚子里去。须鲸的食量大得惊人，它们一次就能吃下重达4吨的食物。曾经有人在一条捕获的蓝鲸腹中发现有将近3万条乌贼。

须鲸摄食量很多

鲸中"歌唱家"

座头鲸在鲸鱼中以"温柔贤惠"而出名，它们性情温顺可亲，常以相互触摸来表达情感。而且它们天生有一副"好嗓子"，常常发出类似"唱歌"的声音。雄性座头鲸每年约有 6 个月时间整天都在唱歌，所以座头鲸又是天生的"歌唱家"。

座头鲸

海中"巨无霸"

没有谁敢和蓝鲸去比身材，因为它不光是鲸中的老大，也是目前地球上现存最大的动物。一头蓝鲸的体重是 2000~3000 个成人体重的总和，它的舌头就有 2000 千克重，头骨有 3000 千克重，肝脏有 1000 千克重，血管粗得足以装下一个小孩。与庞大的身躯相比，蓝鲸的心脏显得有些小——只有 500 千克。

蓝鲸

灰鲸幼鲸是黑灰色的，成年后则呈褐灰色至浅灰色，全身密布浅色斑

灰鲸妈妈和宝宝

蓝鲸身体长椎状，看起来像被拉长了，头平呈 U 形

迁徙之王

灰鲸可谓是哺乳动物中的"迁徙之王"，因为它每年的迁徙距离可达 10000~22000 千米。在危险重重的迁徙之旅中，能安然到达目的地，跟灰鲸的机智斗敌技巧有着密不可分的关系。如遇到虎鲸的威胁和袭击，灰鲸会机智地将肚皮朝上浮在水面上，用假死的方法躲过灾难，而这一招似乎百试不爽。

灰鲸迁徙

如果蓝鲸的心脏和人的心脏一样大会怎样？

奇思妙想

蓝鲸的心脏有 500 千克。如果给蓝鲸换上一颗与成人心脏一样大小的心脏，它们会怎么样呢？也许蓝鲸只会长到一个人那么大而不是上千个人那么大了。世界上现存最大的动物将会因这颗小心脏而不复存在。

每一种生物的身体构造都是自然进化而来的，蓝鲸有那么大的心脏也是同样的道理。蓝鲸是生活在海洋里的大型哺乳动物，因其外形像"鱼"，所以人们通常称它为"鲸鱼"。蓝鲸之所以有那么大的心脏是与其巨大的体型有直接关系的。因为脊椎动物没有可以支撑内脏的骨骼结构，所以其内脏质量是有极限的。对于蓝鲸来说，它的心脏质量基本达到脊椎动物的极限了。如果蓝鲸的心脏再大，它现有的肌肉组织强度就不能够承受了。反之如果其心脏小到人的心脏那样，蓝鲸就不需要它现有的强度巨大的肌肉组织了。换句话说就是按照蓝鲸的体型比例，根本就不会有人类那么小的心脏。

正是由于蓝鲸的生理构造，它们才能适应海水深处高压、低温、缺氧等环境。至于人类，由于生活在陆地上，没有浮力的存在，体重极限和心脏极限要比水生动物小得多，大部分陆生动物都是这样。反倒是鱼类体内除了主要骨骼外还有一些辅助支撑作用的小骨骼（鱼刺），所以在理论上，鱼类如果长了蓝鲸那么大的心脏，它们的体型要比蓝鲸大多了，不过到目前为止还没有发现比蓝鲸更大的动物。

血战虎鲸

蔚蓝的大海中，一头雌性座头鲸带着自己的鲸宝宝正从南极洲的觅食区游向大洋洲，座头鲸妈妈要在大洋洲平静而温暖的海水中抚育鲸宝宝。鲸宝宝趴在母亲的背上，惬意地由母亲带着自己游向前方。一切看起来平静而温馨。然而杀机已经悄悄向它们逼来，但它们母子却全然不知。

被称为杀人鲸的虎鲸从它们母子迁徙一开始就已经盯上它们了，并悄悄地尾随在它们身后。虎鲸以幼鲸为食，高智商的虎鲸成了海洋中战无不胜的捕猎能手。而这次，座头鲸宝宝能否逃过虎鲸的虎口？它们母子的命运实在令人堪忧。

5条虎鲸以每小时50千米的速度追赶着前方的座头鲸母子。这种速度是什么概念？相当于座头鲸母子速度的两倍啊。

海洋似乎也为这场即将到来的腥风血雨推波助澜，刚刚还平静的海面此时海风骤起，波浪滔天。虎鲸在惊涛骇浪中全速前进。果然，虎鲸是追上了座头鲸母子。

尽管虎鲸与座头鲸相比有数量上的优势，但是它们仍然忌惮于座头鲸身后宽尾巴和体侧长鳍的巨大杀伤力。虎鲸并不敢明目张胆地"劫持"鲸宝宝，于是它们悄无声息地接近座头鲸母子。鲸宝宝躲在座头鲸妈妈的背上，这让虎鲸很难接近。

于是狡黠的虎鲸将座头鲸母子包围起来，它们围着座头鲸妈妈环游，边游边制造波浪，试图将鲸宝宝从妈妈的背上冲下来。如果再过一个月，鲸宝宝应对这种波浪绝对不在话下，然而此时的鲸宝宝还无法承受这般波浪的袭击。

鲸宝宝马上就要从妈妈的背上掉下来了！就在这危急的时刻，座头鲸爸爸和另一只雄性座头鲸及时赶到，局势迅速扭转。两只雄性座头鲸用长鳍驱赶虎鲸，宽大的尾巴在海洋中掀起巨大的波浪，它们成功地干扰了虎鲸的视线和声呐判断。一不小心，虎鲸很可能被座头鲸的长尾和长鳍伤到，甚至杀死。于是虎鲸闻风而逃。

为了确保鲸宝宝的安全，两头雄性座头鲸要把虎鲸驱逐得更远。然而，万万没想到，远离的雄性座头鲸却给了虎鲸机会，它们摆脱了雄性座头鲸的追击，原路返回。虎鲸终于拆散了座头鲸母子，并将鲸宝宝"劫"到海底，生生将鲸宝宝溺死。

就这样，一场座头鲸与虎鲸的血战，最终还是以虎鲸的胜利而告终！

犬科动物

作为地球上分布较为广泛的陆生肉食动物，犬科动物与人类有着密切的联系。人类熟知的狗、狼、豺、狐等都属于犬科。狗的忠诚、狼的凶狠、狐的狡猾、豺的合作……构成了特征鲜明的犬科。

狼在捕食时非常有耐心，有时候为了等待猎物，它能够几小时蹲在一个地方一动不动

严峻的考验

北极狼居住在荒凉的苔原、冰原地带，那里贫瘠荒芜，且一年中有五个月可能在黑暗中度过，这就意味着这五个月很难捕捉到猎物，这对它们而言是严峻的考验。

犬科动物胸部狭窄，背部与腿强健有力，所以它们的机动能力很强

北极狼又称白狼，有着一层厚厚的体毛，牙齿非常尖利，这有助于它们捕杀猎物

气味定"江山"

红狼是通过气味来划定各自的"江山"的。然后它们通过触觉和听觉信号、外交身体语言等，将自己的"势力范围"等信息传递给对方或者它的同类。

红狼的嗅觉灵敏，奔跑速度快，持久性也好

杀过行为

狐狸常常有"杀过"行为。何为"杀过"？当狐狸进入一个装着10只鸡的鸡舍，它会将鸡全部杀死，但是只叼走一只鸡。

狐狸有很厚的皮毛，常生活在森林、草原、半沙漠地带

白狐冬季全身体毛为白色，仅鼻尖部分为黑色

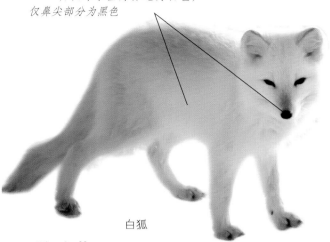

白狐

破圈套

白狐尤擅破圈套。当白狐发现猎人要设圈套时，它会悄悄尾随在猎人身后偷窥，等猎人离开，白狐就在圈套附近留下特殊的气味，警告同类有圈套。猎人遇上白狐，等于白耽误工夫。

狗吃草

狗是我们人类最亲密和忠实的朋友，它们有时候会吃草，这是为什么呢？原来狗的肠胃结构很特殊，胃和大肠较短，容易消化肉食。但是进食的时候，难免会将树叶等杂物吃进胃里，狗的胃很难消化这类食物，所以以吃草来清胃助消化。

狗吃草可以助消化

内讧

豺是群居性动物，彼此之间合作度很高。它们尤其在善于围捕猎物时，集体主义的优越性体现得最为明显。但是它们也常常发生内讧，尤其是在分食的时候。发生内讧时，它们彼此毫不客气，会大打出手，常常鲜血淋漓，场面惨不忍睹。

豺全身赤棕色，体型比狼小而比赤狐大，身体长95~105厘米

如果狗朝你摇尾巴，你该怎么办？

奇思妙想

如果狗朝你摇尾巴，你该做何回应呢？毋庸置疑，只有读懂狗的"尾巴语言"，才能做出正确的回应。

狗摇尾巴是它们表达自己情感和想法的一种手段，是狗特有的"语言"。狗摇尾巴有不同的含义。尽管狗有很多种类，但是摇尾巴对于所有的狗而言，表达的意义大同小异。那么狗摇尾巴到底是什么意思呢？

其实，狗摇尾巴不是一成不变的。它们有时候把自己的尾巴摇向左边，有时候把自己的尾巴摇向右边。当然，狗尾巴摇向不同的方向是有不同含义的。当狗把尾巴摇向它的右边，表明狗此时很开心、很快乐；相反，当狗把自己的尾巴摇向它的左边，表明狗此时很悲伤，或者焦虑不安；当狗受到惊吓时，可能也会把尾巴摇向它的的左边。尾巴成了狗表达情绪的最佳"语言"。

所以，我们可以根据狗"尾巴语言"的含义，做出相应的回应，增进我们与狗之间的感情。比如，当狗的尾巴向上翘起时，表现狗现在很高兴，我们可以拍拍狗狗的脑袋；当狗垂下尾巴时，它此时的情绪也会像垂下的尾巴那般低落，我们可以给狗一个温柔的拥抱，借以安慰失落的狗狗；当狗的尾巴静止不动时，表明狗此时有些焦虑，此时我们尽量不要去呵斥或者指责狗了，或许它已经认识到自己的问题了；当狗狗快速摇动它的尾巴时，表明狗狗此时很欢喜、很友好，当狗夹起尾巴时，表明它此时很害怕，戒备心很强，随时防御，此时千万不要大意接近狗哦，否则很容易遭到狗的攻击。

正确回应狗的"尾巴语言"，既能及时安慰狗的情绪，又能切实保障自己的安全。

小狼成长记

冬天的格陵兰岛白雪皑皑，千里冰封。那里，几只狼在向一只狼行礼。

很显然，这只狼是它们的首领。在狼的世界里，等级森严，绝对的权威不容挑战。

狼王正守着它刚出生不久的孩子们。在这不毛之地，此时的小狼崽们无处藏身，正处在十分危险的时期，狼王必须寸步不离。刚出生的小狼恬静无邪，呆萌呆萌的，根本让人无法把此时的它们与成年狼的凶狠联系起来。

但是，狼王的权威却受到了同族一只不起眼的小狼的挑战。这只刚成年的小狼居然在狼王的眼皮底下与它的妻子眉目传情，这对狼王而言是绝对不能容忍的。狼王发出嘶吼，健硕的身躯猛地冲向小狼，小狼被撞到在地，脖子被咬出一道口子，血汩汩地往外流，其他的狼也围拢过来，势单力薄的小狼只好落荒而逃。

这只小狼成了格陵兰岛上流浪的狼，只能独自舔舐自己的伤口。离开大家族的日子很不好过，饿肚子是常事。又是一天没有进食了，小狼紧紧盯着白雪覆盖的地面，期望有所收获，抚慰饥肠辘辘的肚子。运气还不错，它发现一只小老鼠在雪洞口蠢蠢欲动。小狼耐着性子，等待最佳时机，可是小老鼠只是伸出头朝外打探了一番，又缩回洞里了。等待落空，小狼又开始四处觅食。忽然，它被一阵诱人的味道吸引住了——啊，那儿有一只鹿的尸体。可是，鹿的尸体被先到的狼群包围了，它根本没有近身的机会。但它不甘心，也挤了进去，却被狼群群起而攻之，它又一次败下阵来，落荒而逃。

春天来了，小狼朝着地热泉的方向觅食。一只野牛落入它的视野。这只野牛沿着薄冰走的时候不小心掉下去了，这是个机会，可是野牛们守着，小狼根本没法下手，它只好咽了咽口水走开了……

谁也不知道小狼是怎么挨到夏天的，但它确实没有饿死。此时的小狼竟然成长为一只壮硕的成年狼，而且已经和另一只被驱逐的雌狼成为夫妻。但它从未忘记复仇。它带着妻子回到自己的部落，同老狼王进行了一场殊死搏斗。

这次小狼雪耻了，不仅打败了老狼王，还把它赶出狼群。其他的狼归顺了小狼——小狼成了新的狼王。

企　鹅

眼睛上方有明显白斑

嘴细长，嘴角呈红色

眼角处有一个红色的三角形

有不会飞的鸟吗？当然，企鹅就是。作为地球上古老的游禽，在南极大陆被冰雪覆盖之前，企鹅就"定居"南极大陆了。这个南极的主人，能在 –60℃ 的严寒中生存。它们在陆地上行走时摇摇晃晃，像憨态可掬的绅士，可到了水里立即变成灵活敏捷的游泳健将。

鳍状肢便于划水

巴布亚企鹅

企鹅跳水的本领可与世界跳水冠军相媲美

为海洋而生

企鹅全身的构造表明企鹅就是为海洋而生的。它的双眼有适应海洋高盐度的盐腺，而眼睛平坦的眼角膜可以清楚地在水底看东西，而且必要的时候双眼会变成"望远镜"。坚硬的骨骼匹配如桨般的短翼，是水底"飞行"的顶级配置。

羽毛浓密，有极强的抗寒能力

南极企鹅在冰面上滑行

跳水的企鹅

特殊的外衣

企鹅作为鸟类的一员却与大多数鸟类的"外衣"有所不同。企鹅的羽毛像鳞片一样重叠密实地排列在身上。这种紧密的羽毛密度是同体型鸟类的四到五倍。正是这种密度，所以即使在南极温度低到 –60℃ 的时候，企鹅也安然无恙。

抗冻的脚

企鹅能够"赤脚"站在 –60℃ 的南极冰面上，难道它们不感觉冻脚吗？企鹅的脚不会冻坏或生冻疮吗？当然不会。企鹅腿部的动脉能够根据脚部的温度调节血液循环节奏，从而让脚的温度适宜，不至于被冻坏。

脚蹼

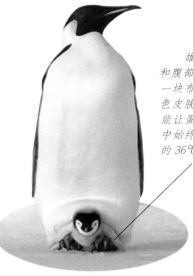

雄帝企鹅双腿和腹部下方之间有一块布满血管的紫色皮肤的育儿袋，能让蛋在低温环境中始终保持在舒适的 36℃

初生企鹅是在雄企鹅的身边度过的

称职的爸爸

雌帝企鹅产下卵之后就会到海洋觅食，历时 64 天左右才能返回。这个时期的孵化全部由企鹅爸爸负责。雄帝企鹅将企鹅卵放到自己的脚上，并和其他雄帝企鹅靠在一起给未出生的小企鹅取暖。它们靠体内储存的脂肪挨过整个冬天，等到雌帝企鹅回来，小企鹅已经出生了。

眼睛上方和耳朵两侧金黄色的翎毛——就像迷人的发饰

跳崖企鹅

攀岩能手

企鹅中的"攀岩能手"当属跳岩企鹅。这种身体娇小的企鹅一步居然可以跳跃 30 厘米高，"跳岩企鹅"也因此而得名。不过这个体态玲珑的小企鹅可不是好惹的，它们可是出了名的暴脾气呢！如果有谁胆敢觊觎它们的孩子，它们会毫不客气地用尖利的喙把它们赶走。

争夺小企鹅

母爱爆棚

企鹅这个群体是一个母爱过强的物种。当它们不幸失去了自己的孩子时，它们就会盯上落单的小企鹅，想要它作为自己的孩子，照顾它。有时候如果没有落单的企鹅，它们甚至会大打出手，公然"抢劫"别人家的孩子来抚养。

滥竽充数

南极洲冰冷的大陆上，为了骗取食物，小帝企鹅们常常干"滥竽充数"的事情。小帝企鹅们常常聚集在一起，一旦有雄企鹅捕食回来，就会有许多小企鹅奔过来，假装是它的孩子来骗取食物。企鹅爸爸还得认真核验，才能保证自己孩子的食物不被骗走。

小帝企鹅身上的浅灰白色绒羽可御寒防风，但不防水，长大后，防水的翎羽才会替换掉绒羽

小企鹅经常聚集在一起，骗取食物

如果企鹅不会在水里"飞翔"会怎样？

奇思妙想

企鹅是一种不会飞的海鸟，靠在海里捕获海洋生物为生，主要是南极磷虾。企鹅体形看起来有点笨拙，走起路来左摇右晃，像站不稳似的。在南极恶劣的自然环境中，可爱的企鹅，既不会在空中飞，又不善于在地上跑，如果连游泳的本领也没有，它们只能会被饿死，地球上就很难看到它们的身影了，企鹅也就成了灭绝的物种之一。

然而，这样的事情发生的概率有多大？事实上，企鹅的游泳本领在鸟中是数一数二的。它们游泳时的速度十分惊人，有人计算过，一只成年企鹅游泳的时速为 20 ～ 30 千米，比航行在海洋中的万吨巨轮还要快。可以说企鹅不是在水下游泳，而是在"水下飞行"。企鹅跳水的本领更是一绝，可与奥运会上的跳水冠军相媲美。它们的跳跃技术绝对不亚于动物界中著名的海豚跳跃。在快速游动时，为了减少阻力，企鹅能跳出水面 2 米多高，并且还可以从冰山或冰块上飞跃而起跳入水中，很难想象笨拙的企鹅在水中的姿势是如此的优美。企鹅是水鸟中游泳的佼佼者，连一些鱼类也望尘莫及。为什么企鹅有如此高超的游泳技术呢？大多数水鸟在水中游动是靠长有蹼的双脚，而企鹅却不是这样，虽然它们的脚也长有蹼，却只是起控制方向的作用。企鹅的骨骼较重，而且骨内不充气，尤其是在胸骨中有发达的龙骨突起，使得它们在水中游泳时体形呈鱼状，再加上具有像鱼鳍一样的两翼，在水中可谓是"振翅飞翔"。因此，企鹅的游泳本领无须质疑。

企鹅群里有小偷

夏日的马尔维纳斯群岛热闹非凡。这是一个求偶的季节。在海上漂泊了数月的跳岩企鹅此时纷纷登岸。已有配偶的雄企鹅大多数找到了自己去年的巢穴，等待着自己伴侣的归来。而尚未配对的跳岩企鹅，则要费尽心思装饰自己的巢穴，好吸引自己的"意中人"到来。

在这不算大的小岛上，密密麻麻站满了跳岩企鹅。要在这有限的空隙中找到大小合适、形状圆润的石子和干草还真不是一件容易的事。

看这只跳岩企鹅，耳朵两侧金黄色的翎毛分外惹眼，我们暂且叫它小黄吧。小黄是只乖巧勤奋的企鹅，可是它现在还是"单身汉"。为了在今年夏天成功摆脱单身，小黄使尽浑身解数去找石子。

功夫不负有心"企鹅"，小黄终于找到了适合筑巢的石头，它用嘴巴一块一块地叼到自己选好的筑巢地，开始"一砖一瓦"地建造起来。并不是所有的单身企鹅都像小黄一样踏实肯干，凭借自己的努力争取幸福，有些企鹅总想不劳而获。比如，这只站在小黄身后的企鹅，它盯上小黄好长时间了。趁小黄去别处找寻石头的工夫，它悄悄溜进小黄的巢穴，偷走了它刚叼来的石头。

就这样，小黄往自己的巢穴叼石头，这只"小偷"从小黄的巢穴往自己的巢穴叼石头。起初，小黄没有发现，后来小黄才察觉到蹊跷——自己一趟趟往回运，石头不多反倒少了呢。小黄假装去运石头，实则并没有走远，而是躲起来想看个究竟。果然，"小偷"出现了，被小黄抓了个现行。小黄用自己锋利的喙给对方好一顿啄，对方没有讨到好果子吃，溜之大吉了。

小黄这边刚消停，那边几只企鹅又打成一团了。原来，有一对夫妇刚生的小企鹅被秃鹫叼走了，它们很是伤心和绝望，为了安抚自己受伤的心，它们决定去偷邻居家的孩子——一个刚出生的小企鹅。谁知道，刚偷过来，失独企鹅妈妈还没有好好疼爱小企鹅就被发现了，结果孩子又被它的父母夺回去了。

可是跳岩企鹅是个极富耐性的企鹅，丢子企鹅妈妈并没有就此罢休，反而联合企鹅爸爸直接明抢去了。企鹅妈妈把孩子死守在自己的肚子下，企鹅爸爸同丢子夫妇扭打在一起。父爱的力量让企鹅爸爸战胜了丢子夫妇俩。丢子夫妇悻悻地离开了。

企鹅群里小偷还真是多啊！

鸵 鸟

鸵鸟的视觉和听觉都非常灵敏，它们时常高昂着脖子，保持高度警觉

鸵鸟，世界上现存最大的鸟，像企鹅一样，也是一种不会飞的鸟。鸵鸟身材高挑，脖子几乎占到了身高的一半，剩下的主要被一双长腿占据。这种不会飞的鸟进化出一双善于奔跑的腿，依靠速度在非洲求得生存，甚至占有一席之地，成为非洲的一张名片。传说鸵鸟害怕的时候会把脑袋埋进沙土里，这是真的吗？

雄鸵鸟的翼和尾有白色的羽毛，其余的羽毛多为黑色，裸露的头颈部和后肢呈鲜艳的肉色

大眼萌鸟

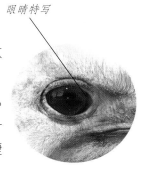

眼睛特写

鸵鸟的眼球是陆地脊椎动物中较大的，这是因为鸵鸟不会飞，为了自保，需要超强的视力，因而眼球进化得很大。眼睛周围长满了长长的浓密的睫毛。一双大眼中褐色的眼球加上浓密纤长的睫毛，自带美颜效果，真是一只大眼萌鸟。

无"齿"大胃王

鸵鸟没有牙齿，但可以吞下石子、沙子等来助消化

鸵鸟没有牙齿，但是胃口却好得很。鸵鸟既吃植物的茎、叶、果，也吃灌木，还吃昆虫、软体动物等。食性这么杂，没有牙齿，鸵鸟是如何消化的呢？原来鸵鸟会吞下大量石子、沙子等来助消化。有时候鸵鸟也会吞下许多"不明物"，如钉子、硬币、瓶盖等杂物。

鸵鸟虽然有羽毛，但它们是不会觉得热的

耐热抗旱

在非洲干旱的草原上，鸵鸟常年穿着厚厚的"羽绒服"，难道不热吗？原来鸵鸟自身拥有发达的气囊和良好的循环系统，这可是调节体温的利器。所以尽管有时候气温达到56℃，但是鸵鸟依然能在烈日底下自在地觅食。如果干旱缺水，鸵鸟几个月不喝水也安然无恙。

一夫多妻

　　鸵鸟的世界中，通常是一夫多妻制——一只雄鸟会配 3~5 只雌鸟。鸵鸟交配一周后就产卵了，接下来是轮流孵化的日子。雌鸟在白天孵化，而艳丽的雄鸟为了自保通常在夜晚孵化。孵化的时候还经常沿地面伸展颈部，借此伪装来保护自己的下一代。

鸵鸟不会飞，只能奔跑，奔跑的速度非常快

小鸵鸟

互通合作

　　在非洲草原上，成群的鸵鸟时而抬头张望，时而低头觅食。但是如果仔细观察，我们就会发现鸵鸟的这种动作不是随机的。虽然每一只鸵鸟抬头低头的间隔时间不同，但是在整个群体中总有一些鸵鸟在同伴低头觅食的时候是抬头放哨的。这种合作方式确保它们远离威胁和伤害，一旦有敌情，它们会撒腿就跑。要追上时速达 50 千米的鸵鸟，也不是一件容易的事情。

受惊钻沙子

　　相传鸵鸟受到惊吓以后会把头埋进沙土里，而事实上并不是这样。鸵鸟把头贴在地面上，有时是为了听到远处的声音即侦察敌情，有时是为了让它的长脖子得到休息。而当它把头伸进草丛里则可能是正在觅食。鸵鸟如果真的把头伸到沙土里，它们在很短的时间内就会窒息而亡。

鸵鸟头伸进草丛里觅食

如果鸵鸟在危险中飞起来会怎样？

奇思妙想

广袤无垠的非洲大草原上，一头非洲狮正追逐着一只受了惊的鸵鸟。眼看着就要追上了，只见鸵鸟迅速把身子缩成一团，头、颈平贴在地面上，并把头钻进沙土里，以为自己什么也看不见，就平安无事了。这只是一则寓言故事的场景描写，跟掩耳盗铃的寓意相似。其实，这是对鸵鸟防卫行为的误解。

但是，如果鸵鸟在危险中可以飞起来的话，它们就不会这么委屈了。鸵鸟为什么飞不起来呢？原因之一就是它的体重。鸵鸟是目前世界上体型最大的鸟类。最大的雄鸵鸟体重约160千克，身高可达2.75米左右，体长也在2米左右。当然，鸵鸟飞不起来的主要原因还是与鸵鸟飞翔器官功能退化有关。一般鸟类的飞翔器官，主要是由翅膀和羽毛等组成的，其中羽毛有助于飞翔，长在翅膀上的是飞羽，长在尾部的是尾羽。羽毛是由众多细长的羽枝构成的，而各羽枝上面又长着成排浓密的羽小枝。羽小枝上有钩，可以把所有的羽枝钩结起来，形成可以飞翔的羽片。

这样鸟类便可在空中扇动着翅膀、自由自在地飞翔了。而尾羽在飞翔中起着控制方向的作用。此外，尾脂腺的作用也不可小视，它分泌出来的油脂可以使鸟的羽毛不变形，有助于鸟类正常飞翔。

再来看看鸵鸟，它的双翅已退化。翅膀中没有飞羽，尾巴上也没有长尾羽。而且鸵鸟的胸骨小而扁平，没有龙骨突起。所以我们看到鸵鸟很用力地扇动着自己的翅膀却怎么也飞不起来。

艰难求生的小鸵鸟

小鸵鸟的艰难求生之路，从它们还是一颗卵的时候就开始了。它们的爸爸妈妈在求偶的季节认识，鸵鸟爸爸曼妙的舞姿赢得了鸵鸟妈妈的青睐，于是顺理成章，鸵鸟爸爸和鸵鸟妈妈就要繁衍下一代了。

孵化过程，是尚未出世的小鸵鸟们面临的第一道生死考验。白天，鸵鸟妈妈在烈日下稳坐不动，专心孵化，鸵鸟爸爸去觅食；而到了晚上，换做鸵鸟爸爸孵化。晚上的沙漠，与白天的炙热形成鲜明的对比，气温急剧下降。鸵鸟爸爸靠白天储存在体内的食物和热量维持晚上的孵化。孵化的日子每天都是如此，45天后，小鸵鸟们就出生了。

刚出生的小鸵鸟们此时面临他们人生的第二次考验——肉食动物的偷袭。还好鸵鸟妈妈比较机警。它时不时用它的比大脑还大的眼睛四处打探，扫清方圆5千米以内可能存在的危险和障碍。有时候，豺会悄悄地过来，希望侥幸得手，但是鸵鸟妈妈可不是好惹的，它会奋力直追，豺会吓得一溜烟逃走。当成群的乌鸦赶来啄食小鸵鸟们时，鸵鸟妈妈知道应该离开这里了。尽管有些小鸵鸟还没有孵化出来，但是为了这些已出生的大多数孩子，它们不得不放弃这里。

迁徙，对于小鸵鸟们来说是第三次考验。干旱的草原上，炙热的阳光快要把小鸵鸟们烤焦了。鸵鸟妈妈可以利用身上的羽毛调节体温，可是小鸵鸟们就不行了。小鸵鸟们都躲在妈妈尾巴后面那点可怜的阴影里，可是鸵鸟妈妈需要不时运动，所以小鸵鸟们需要跟在妈妈后面跑，追逐着妈妈尾巴后面的那点阴影。

缺水是对小鸵鸟们的又一重严峻考验。在迁徙的过程中，许多小鸵鸟忍受不了炙热和干渴而死去，只有耐力好的小鸵鸟才能存活下来。

终于，到达了有水的湖畔。可是这儿也是肉食动物出没的地方。在鸵鸟妈妈谨慎地看护下，小鸵鸟们赶紧咕咚咕咚地喝饱水。

在接下来时间里，鸵鸟妈妈要教会小鸵鸟们如何在这片领域艰难求生，直到它们成年。

嘴强直如凿

啄木鸟

啄木鸟以森林益鸟著称，是森林害虫的天敌，被人类冠以"森林医生"的称号。它们逐食而居，或居于山间，或迁于平原，但其一生都与树木相伴。它们穷其一生为森林除害，其奉献精神令人类钦佩。它们平日"沉默寡言"，但是它们"不鸣则已，一鸣惊人"。它们的鸣叫又有怎样的含义？它们捕虫又施展了什么妙计？它们又是怎么"虎口脱险"，求得生存的呢？

尾呈平尾状或楔状

舌头长在鼻孔里

大千世界，无奇不有。啄木鸟的舌头居然是长在鼻孔里的。它的舌头细长且富弹性，舌头从下颚穿出，绕经后脑，在脑前部进入右鼻孔。所以啄木鸟只靠左鼻孔呼吸。这种结构能让啄木鸟的舌头深入树洞，方便捕虫。

啄木鸟的舌头细长

啄木鸟正在啄树

金刚喙

啄木鸟整日用喙"笃笃笃"地敲击树干，它的喙不疼吗？实际上，啄木鸟的喙非常坚硬。它们通常先用喙在树干上敲击、试探，看树干内是否有虫。一旦确定有害虫，啄木鸟就用坚硬的喙在树干上快速啄出一个洞，伸出长长的舌头把害虫捉出来吃掉。

别有含义的叫声

平日里，啄木鸟"沉默寡言"，在森林里埋头苦干，寻找害虫。但当春日来临，雄啄木鸟就按捺不住了。它们大声鸣叫，为了让它们的声音传得更远，它们甚至用喙敲击空洞的树干，或者用喙啄金属材质的东西。那是它们在向其他啄木鸟宣誓自己的领地主权。等到它们发情的时候，雄啄木鸟会以鸣叫声来向自己的"暗恋对象"示爱。

正在示爱的啄木鸟

很少远行

啄木鸟为留鸟，很少迁徙。不过它们逐食而居，大多时候萦树觅虫，偶有地上觅食者栖息于横枝。春夏季节，多在山林间活动；等到秋冬来临，它们就会转移到附近平原或山丘的丛林间休息。

大斑啄木鸟背羽主要为黑色，额、颊和耳羽白色，肩和翅上各有一块大的白斑

嘴强硬而直，呈凿形

头较大

脚稍短，具3或4趾

捕虫有术

啄木鸟的舌头和喙诚然很厉害，可是还是有它的喙和舌头不能企及的地方，这时候啄木鸟就会动用它的"捕虫妙计"——它探得害虫的位置后，在害虫附近用喙重重敲击，不断变换地方，这时候害虫就会惊慌失措，乱了方寸一通乱窜。这就给了啄木鸟机会，它或是让害虫自投罗网，或是奋力一击将害虫一网打尽。

身披黑白相间的亮丽羽毛，翼有白色斑点

大斑啄木鸟正在吃害虫

象牙啄木鸟

象牙啄木鸟以体型最大、形态最优美著称。它的嘴巴比一般的啄木鸟要长，而且更白，好像一根洁白的象牙，它因此得名"象牙啄木鸟"。它披着黑白相间的羽毛外衣，头顶闪亮而优雅的冠，是啄木鸟中不可多得的"大美人"，只可惜现在濒临灭绝。

尾呈平尾或楔状

环保医生

森林如果遭遇害虫，损失严重。可是森林环境自成体系，如果用农药，很容易破坏森林的生态环境。但是有了啄木鸟，情况就大大改变了。啄木鸟的舌头有成排的须钩和黏液，不仅能钩取树中的害虫，还能把害虫的幼虫处理掉，在处理虫灾方面能真正做到"斩草除根"。

如果啄木鸟得了脑震荡会怎样？

奇思妙想

清晨，寂静的林间发出"笃，笃……"的声音，"森林医生"——啄木鸟又开始一天的辛勤工作了。据科学家研究，啄木鸟一天可啄木 500~600 次，它们敲击的速度可达每秒 555 米，而它们头部摆动的速度就更为惊人了，约每秒 580 米，比子弹的速度快多了。人如果不停地快速点头，没点几下就会头晕眼花，那啄木鸟啄木的速度这么快，它会不会得脑震荡呢？如果啄木鸟得了脑震荡，就不能像往常那样为树木捉虫子了，就不再是名副其实的"森林医生"了。然而在树林里，依然可以听到它们清脆的啄木声。啄木鸟并没有得脑震荡，也不可能得脑震荡。啄木鸟具有特殊的身体构造，虽然啄木鸟的大脑比较小，但是相对而言表面积比较大，可以分散施加给它的压力。因此它不像人的大脑那样容易患脑震荡。

啄木鸟的头部很特殊，头颅非常坚硬，骨质似海绵一样松软，可以减弱振动；颅壳内有一层十分坚韧的外脑膜，在外脑膜与脑髓间有狭窄的空隙，几乎没有脑脊液，它可以减弱振动波传动。而人脑却正好相反，空隙里充满了脑脊液，所以人类不经意间的磕碰，就会引起强烈的脑震荡症状。

而啄木鸟头部这样精密的组织却是很好的防震装置，再加上啄木鸟的下颌把强有力的肌肉与头骨连在一起，在强烈的撞击开始前这块肌肉会快速收缩，也起到了缓冲撞击的作用。下颌底部的软骨也可以缓冲撞击。这样撞击的冲击力会绕开大脑。传到头骨的底部和后部。还有，啄木鸟在啄木时，敲打的路径是一条直线，从而避免因为晃动而导致脑震荡。

夺巢之战

秋风飒爽的九月，北美的森林呈现出五彩缤纷的画卷景像。树木的叶子已然发生了变化，有的变成了红色，有的变成了黄色，有的还尚未退去绿色……在别的树叶开始凋零的季节，橡树呈现出的却是一副生机勃勃的样子——橡果成熟了。

橡果啄木鸟如期而至。先绕着森林飞了几圈后，这只橡果啄木鸟选定了森林中心的一棵枯树的树干作为自己的安家之所。这棵枯树在橡果啄木鸟看来简直是绝佳住所，因为这附近有一棵橡树，对它采集橡果来说方便得很。

它招呼来了家人，勤奋的橡果啄木鸟丝毫不敢怠慢。它用坚硬的喙"笃笃笃"地敲啄着树干，一个规则的圆洞眨眼间出现了。它找来了干草铺在了洞里面，建成了一个舒服的安乐窝。

这棵枯树不仅是它们的安家之所，更是它们的"粮仓"。它们在枯树干上啄出好多个大小不一的洞，这些小洞是安放橡果用的。因为是白天，况且新安的家还没有收集橡果，所以不用安排专门的家人看护"粮仓"。于是举家出动采集橡果的时候，

无巧不成书。就在橡果啄木鸟倾巢出动采集橡果的时候，碰巧的是，还一只欧洲椋鸟飞经此地，一眼就相中了这棵枯树。有一个现成的窝在那里等着它。于是，它兴高采烈地钻了进去——它对这个窝很是满意。

正在椋鸟在窝里舒服地休息的时候，忽然听得树干外"笃笃笃"的敲击声。椋鸟一下子恼火了，谁在打扰它休息？于是，它从洞中伸出脑袋看：原来是橡果啄木鸟正用喙把采来的橡果往之前打好的洞里塞呢！橡果啄木鸟一看有"入侵者"霸占了自己的家，立马"怒发冲冠"。它放弃了手头的工作，决定夺回自己的巢。双方都觉得对方侵犯了自己的领地，简直不可饶恕。它们用喙互相追啄，甚至想用爪子挠对方。

几个回合之后，橡果啄木鸟用它的"金刚喙"打败了入侵者椋鸟，夺回了本就属于自己的巢。

蚂蚁

它们被称为自然界的大力士，能举起超过自身体重 400 倍的东西，能拖运超出自身体重 1700 倍的东西；它们被称为自然界的建筑师，鬼斧神工地建造庞大舒适的豪宅；它们随遇而安，生命力极强，是自然界中抗击灾害最强的生物。它们的踪迹几乎遍布地球，它们是世界上数量最大的昆虫。它们就是蚂蚁。

蚂蚁是个大力士，能够举起超过自身体重 400 倍的东西

等级森严

在蚂蚁的世界里，体型最大的蚁后是它们最尊贵的王后，是整个家族的荣耀和希望。它担当着繁殖后代和统管家庭的职责。雄蚁的职责是繁衍后代，生命往往昙花一现。工蚁是建筑师，负责建造和扩大巢穴，是粮库总管，负责觅食。兵蚁是蚁巢的锦衣卫，负责防卫。

蚁后

身怀绝技

蚂蚁个个身怀绝技，靠本领吃饭。就拿工蚁来说吧，它们是天生的建筑家。不用图纸就能依地形建造出庞大复杂的巢穴，里面有功能各异的分室，道路纵横交错，四通八达。整个巢穴安全舒适，冬暖夏凉，是宜居的场所。

工蚁

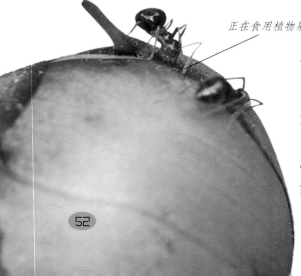

正在食用植物果实汁液的蚂蚁

食性复杂

蚂蚁食性比较复杂。有趣的是，蚂蚁居然根据食性不同而分为高等蚂蚁和低等蚂蚁。

通常在蚂蚁中，肉食性或者多食性——杂食偏肉食和肉食偏杂食的蚂蚁被视为低等级蚂蚁，如切叶蚁、刺结蚁、斜结蚁等；而纯粹的植食性蚂蚁则被视为高等级蚂蚁，如拟黑多刺蚁等。

多样的蚁巢

蚂蚁的巢穴可以说是花样繁多，所用建材和建筑地点各有差异。对于大多数蚂蚁而言，它们更愿意把家安置在地下洞穴中，并用叶片等遮住洞口，既安全又隐蔽。当然，也有的蚂蚁善于在树上或者岩石间用收集来的植物叶片等做成悬挂的巢，如拟黑多刺蚁。更有大胆的蚂蚁，喜欢和别的蚂蚁做邻居，它们把巢建在别的蚂蚁巢中或者旁边，互相照应，比如一种白蚁就会把自己的巢穴修筑在另一种白蚁的巢穴里。

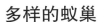

大多数种类的蚂蚁挖土筑巢，也有栖息在树枝等处的孔洞中的

气味交流

气味是蚂蚁重要的通讯手段，它们依靠分泌物的气味来互通有无。传递的消息不同，所留的气味就会不同。假如一只外出的蚂蚁找到了食物，它就会在回去的路上留下自己的分泌物，别的蚂蚁就能沿着它留下的气味去寻找食物。而如果一只在外觅食的蚂蚁惨遭杀害，临死前它会释放强烈的警示气味，以告诫同伴。

蚂蚁交流

同生共赢

蚂蚁是一种善于团队合作的物种，它们不仅种族内合作，而且还会跨物种合作，比如它们和蚜虫、蚁蟋同生共赢。蚂蚁做蚜虫的"贴身保镖"，蚜虫用分泌的含蜜物质回报蚂蚁。蚁蟋也能分泌含蜜物质，蚂蚁晚上就将它们移到自己的巢里，白天再放到进食区。

蚂蚁和蚜虫

如果蚂蚁从高处掉下来会怎样?

More

奇思妙想

闲暇之余,蹲在地上仔细观察蚂蚁的生活,常常会看到这样的场景:当蚂蚁们看到一大块美食时,总会叫同伴来一起分享,于是成群结队的蚂蚁在齐心协力搬一块面包或是别的美味。一只走在最后面的蚂蚁独自搬了一小粒面包,原来它想悄悄溜走。可出乎意料的是,这只小蚂蚁竟然失足从比它身体高几十倍的花盆边沿掉了下去。结果蚂蚁安然无恙,一骨碌翻起身来,摇晃着脑袋继续它的旅行……

难道蚂蚁从高处掉下来不会摔伤?如果是人从楼上掉下来,摔不死也会摔得骨折。可是为什么蚂蚁从高处落下来却一点事儿都没有?甚至连点儿伤都不带,难道蚂蚁会所谓的轻功?

从物理学讲,任何在空气中运动的物体都会受到空气阻力影响,空气阻力越大,则物体下落的速度就越慢。因为蚂蚁的身子太小了,而且也很轻,几乎称不出它的重量,一阵微风都可以将蚂蚁吹得飘起来,所以蚂蚁受到的空气阻力相对较大。此外,它们身上有许多绒毛,落地的时候它们的腿不停地上下摆动,调节自己的身体姿态,这样蚂蚁下落的速度也就减慢了,也就是说它们在空中停留的时间变长了。因此蚂蚁受到地面的撞击力极小,不会遭受任何伤害。即使是在没风的时候,蚂蚁也不是垂直落下的。这是因为六只脚急剧地运动,就增加了空气阻力影响,所以蚂蚁从再高的地方摔下来都不会受伤。

兵败白蚁丘

东非的一片热带山林中，一支不速之客的队伍到来了，它们给这个山林带来了翻天覆地的变化，尽管它们悄无声息。这支神秘的队伍就是非洲行军蚁，它们数量庞大。

现在，这支迁移大军正从森林的东面而来，它们已经启动了今天的觅食模式。一条刚想透气的蚯蚓挡住了它们的去路。这对于它们来说无异于"天降美食"。一群行军蚁蜂拥而上，眨眼的工夫已经将蚯蚓肢解，并运回它们现在暂时的巢穴。

半天的工夫，这支浩浩荡荡的大军已经快要把这片山林的地面扫荡干净了。现在它们必须爬到树上去。潮湿的森林里，行军蚁爬树如履平地。它们遇到了一只休息的鼻涕虫。它们依然使出了"仗势欺人"这一招，一群行军蚁蜂拥爬上鼻涕虫的身上，结果被鼻涕虫身体分泌的黏液粘住了，无法脱身。正在它们奋力抽身的时候，鼻涕虫下面的工蚁运来了土粒撒在了鼻涕虫身上，土粒吸收了黏液，行军蚁开始大展身手。三下五除二，行军蚁将鼻涕虫切割成小块运回暂时的巢穴。

战无不胜的行军蚁继续向森林西南挺进。但是，得意洋洋的行军蚁们绝对不会想到今天它们要兵败白蚁丘。

当行军蚁兵团到达高耸的白蚁巢穴前时，个个摩拳擦掌。这里两万多只白蚁对于行军蚁兵团来说可是一顿丰盛的大餐啊。在美食的诱惑下，行军蚁朝着白蚁的巢穴挺进。行军蚁和白蚁之间的恶战即将展开。

几个行军蚁先锋到白蚁巢穴通道探风，白蚁"卫兵"出来迎战，被行军蚁先锋果断撂倒。被打败的白蚁"呼唤"出更多的白蚁来对抗来势汹汹的行军蚁，结果在通往巢穴内部的通道里，行军蚁和白蚁开始了一场恶战。它们一对一决战，白蚁誓死保卫家园，最终行军蚁败给了白蚁，它们被迫撤退了。这在行军蚁的猎食史上是罕见的败绩，也是耻辱的一笔。

蜜蜂

体表黄褐色或黑褐色，生有密毛

头和胸几乎同样宽

膝状触角

后足为携粉足

腿

嚼吸式口器

人们常用"蜜蜂"来比喻勤劳的人。事实上，蜜蜂的确是一种勤劳的生物。蜜蜂穷其一生都在辛勤劳作。蜜蜂是花儿的媒婆，它们在花朵上飞来飞去的过程中完成了传递花粉的使命。爱因斯坦曾说过："如果蜜蜂从地球上消失了，那人类只能再活 4 年，没有蜜蜂，就没有授粉，就没有植物，就没有动物，就没有人类。"蜜蜂对地球生物的重要性不言而喻。

授粉和采蜜两不误

一举两得

蜜蜂在采集花粉的同时，后腿上的毛所携带的其他花粉也会掉落，这样就等于在给花授粉。因此，蜜蜂采蜜一举两得，既可以通过采蜜酿造蜂蜜和蜂蜡，又可以充当传粉者，给花授粉，而且后者比前者意义更深远。

工蜂承担着传授花粉的工作，是最勤劳的

蜂王负责繁衍后代

母系氏族

蜜蜂的世界还是母系氏族社会。在蜜蜂的世界里，蜂王有着至高无上的权力，它依靠强大的生殖能力繁衍后代，并统管整个家族。雄蜂通常寿命不长，与蜂王交配后就一命呜呼了。工蜂负责整个蜂巢具体而细微的大事小情，如筑巢、储存食物、喂养幼蜂等。

择偶交配

蜂王的择偶是通过婚飞来决定的。蜂王飞出蜂巢，雄蜂们紧跟其后，飞得最快的那个才能获胜，从而和蜂王交配。交配后的雄蜂就一命呜呼了。而没有与蜂王交配的雄蜂们，则待在蜂巢里，只吃喝不工作，被嫌弃地看成"懒汉"。刚开始工蜂们还能忍受，可是时间长了，工蜂们就会把它们驱逐出蜂巢。

六角形的蜂巢，排列的整整齐齐

天才设计师

蜂巢是由许多个六角形蜂穴排列而成的。巢房刚好一半相互错开，相互组合六角形的边，交叉的点是内侧六角形的中心，这样的结构极其稳固。而且这些蜂巢组成底盘的菱形的所有钝角都是109° 28′，所有的锐角都是70° 32′。世界上顶级数学家曾用数学方法证明，如果要消耗最少的材料，制成最大的菱形容器正是这个角度。蜜蜂真是天才设计师兼最伟大的数学家。

蜜蜂的筑巢本领强大，筑巢地点、结构复杂多样

蜜蜂舞

当采蜜的工蜂归来时，它们会在蜂群中跳别样的舞蹈，原来这是它们在向同伴们传递蜜源的信息呢。它们振动着腹部，按照8字盘旋跳舞。如果蜜源较远，它们就会放慢舞蹈频率和降缓转弯。如果蜜源丰富，它们就会拉长跳舞时间，示意需要更多的工蜂。

蜜蜂跳舞

智慧御寒

春夏季节采蜜，对于蜜蜂来说是一种享受。但是冬天就不怎么好过了。作为变温动物，蜜蜂受周围环境影响实在太大了。为了保持合适的体温，它们靠拢在一起，逐渐结成球团，温暖彼此。靠自己的智慧，蜜蜂们用此方法安然度过一个又一个冬天。

蜜蜂们靠拢在一起，温暖彼此

蜂蜜是很好的营养滋补品，受到人们的喜爱

巢间关系

一个巢穴的蜜蜂关系很是融洽和谐，但是如果外巢蜜蜂错入本巢，事情可就不好说了。如果是工蜂误入本群，本群的工蜂会毫不客气地将其杀死。如果是雄蜂，工蜂还帮助它进入本群，为自己的家族壮大做贡献。但如果是为了偷蜜，第一个守卫蜂就不会放过它。

如果没有蜜蜂会怎样？

奇思妙想

春暖花开，蜜蜂的身影又开始在田野、果园、林间的那些绚丽多姿的花朵中来回穿梭了。蜜蜂的无私奉献，不仅为人类提供了甘甜的蜂蜜，同时也为农作物的授粉立下了汗马功劳。然而近年来蜜蜂在悄无声息地从我们身边减少了。据报道，由于蜜蜂的减少，美国多种农作物的收成受到严重威胁。如果蜜蜂从地球上消失了，人类会怎么样？爱因斯坦曾说过："如果蜜蜂从地球上消失了，那人类只能再活4年，没有蜜蜂，就没有授粉，就没有植物，就没有动物，就没有人类。"

蜜蜂真的那么重要吗？答案是肯定的。蜜蜂原产于亚洲和欧洲，后来传到了美洲。传授花粉是自然界赋予蜜蜂的一种特殊本领，其他昆虫是不能与它相比的。

蜜蜂不仅会酿蜜，更重要的是蜜蜂能够为农作物等植物授粉，可使农作物的产量和品质大幅度提高。据研究，一只蜜蜂一次能给瓜类带来48000粒花粉，而一只蚂蚁只能带330粒花粉，所以蜜蜂绝对是传授花粉的主力军。通过蜜蜂授粉的农作物增产效益大约是蜂产品收入的11倍，所以，人们又把蜜蜂称为"农业之翼"。蜜蜂能为100多种农作物、林木、牧草等传授花粉，而且增产效果都很明显。试验证明，经蜜蜂授粉的油菜可增产26%~30%，油菜籽的含油率可达44.8%，果树可增产40%~50%，而且水果色泽鲜艳，味道可口，个儿大。蜜蜂是自然界中不可缺少的物种，它们对人类的贡献很大。

蜂巢保卫战

在喜马拉雅山脚下的一片森林里，隐隐约约传出"嗡嗡嗡"的响声，那是大蜜蜂们在蜂巢发出的声音。干燥少雨的旱季即将来临，大蜜蜂抓紧最后的几日储存食物，以便在迁徙的路上能够填饱肚子。

采蜜回来的工蜂忙不迭地喂养幼蜂和尚在蜂蜡里的幼虫。为迁徙做准备，蜂王此时已经不产卵了。工蜂必须把现在仅有的幼蜂和幼虫照顾好，它们是蜂群的未来。然而，此时，它们的天敌正对它们的蜂巢虎视眈眈。

一只大黄蜂朝着这边飞来，它是大蜜蜂的天敌之一。蜂群立即拉响了警报。大蜜蜂们的腹部迅速向上掀起，并释放一种性激素，刺激其他大蜜蜂也掀起腹部，从而形成振动波。这种振动波对大黄蜂有震慑作用，大黄蜂被击退了。

然而这样的战术对站在树枝尖的蓝喉蜂虎却无济于事。这只蓝喉蜂虎已经仰望大蜜蜂的蜂巢好久了。但是蓝喉蜂虎的目标并不是大蜜蜂的蜂巢，而是趴在蜂巢上的大蜜蜂们。蓝喉蜂虎朝着蜂巢直撞过去，目的就是为了激怒大蜜蜂们，可大蜜蜂们反应甚微，于是蓝喉蜂虎决定第二次进攻。果然，大蜜蜂们愤怒了，它们朝着蓝喉蜂虎而来。这正好中了蓝喉蜂虎的计。蓝喉蜂虎站在那里，以吃掉送上门来的大蜜蜂。蓝喉蜂虎了。还好，大蜜蜂的巢安然无恙，它已。但是，下面出场的这个角色可是只需张开嘴，就可饱餐一顿，扑闪着翅膀离开它们只是损失了一些大蜜蜂而釜底抽薪，直奔它们的蜂巢而来的。

蜂鹰，既不捕食小鸟，也不捕食其他的小哺乳动物，专门以大蜜蜂的蜂巢为食。蜂鹰扑闪着翅膀飞来，停在了蜂巢所在的树干的上面。百密一疏，谨慎的大蜜蜂居然没有防范天敌会从上面攻击。蜂鹰站在树干上，大口大口地吞噬着蜂巢。偶尔有大蜜蜂跟着被咬的蜂巢飞上来，结果蜂鹰连同大蜜蜂一同吃掉。幼虫、幼蜂和大蜜蜂都是蜂鹰的美食。直到蜂鹰吃饱了，大蜜蜂们也没发现自己的蜂巢已经被毁了将近一半。

蜂鹰扑扑翅膀飞走了，大蜜蜂的蜂巢从树上掉落下来，掉到地上，被一窝野猪疯抢了。大蜜蜂们小心翼翼守护的蜂巢就这样被破坏掉了，而它们不得不提前开始迁徙之路。

铜绿丽金龟子

甲 虫

甲虫是鞘翅目昆虫总称。由于鞘翅目昆虫前翅角质化，所以才被统称为甲虫。甲虫家族庞大，它们占据了2/5的昆虫物种，代表了1/5的地球生命数量。它们随遇而安，分布广泛，占据海、陆、空各领域。粪便、尸体、落叶、土壤、巢穴……到处可见它们的踪迹，它们甚至寄生在别的昆虫体内和大的哺乳动物体外。它们靠着杂食性，叙写了昆虫的生命传奇。

传粉"媒人"

甲虫是地球上出现最早的传粉"媒人"。它们被较强气味的花吸引，通过采食花粉或者采食花蜜给植物传粉。例如，木兰、百合、杜果等单生大花和绣线菊等聚集小花，都是甲虫的目标。甲虫的嗅觉着实比视觉灵敏，有果实香味或类似发酵腐烂的臭味的植物都能吸引甲虫。

花朵上的甲虫

在蚂蚁巢穴里白吃白喝的
蚁巢甲虫

蹭吃蹭喝的甲虫

有一种甲虫，在蚁巢里蹭吃蹭喝，还有全天候的蚂蚁"保安"为它站岗放哨。即使有些蚂蚁被它攻击甚至被它吃掉，其他蚂蚁也不会攻击它。原来，这种甲虫通晓多种"语言"，能够模仿蚂蚁的交流方式并同它们交流。这种甲虫就是蚁巢甲虫。

下颚须末节呈斧状

瓢虫足及触角较短

从背面看，前胸背板和鞘翅基部常紧密相连，通常宽度相近。头常嵌入前胸中，有时完全被前胸背板盖住

可爱可恨

体型微小，身上长有七个圆点的七星瓢虫是农民的好朋友，它们喜欢吃蚜虫等害虫。但是到了冬天的时候，它们就让人们"讨厌"了。冬天的时候，它们会聚集在一起，尤其喜欢在温暖的房屋里。尽管它们不传染病毒，可是对于建筑物来说，它们聚众产卵也是不小的威胁。

前胸背板和鞘翅背面光滑，常有或稀或密的细小短毛

瓢虫体形呈短卵形或圆形，
身体背面强烈拱起，腹部扁平

短跑冠军

澳大利亚虎甲虫以时速9千米的优异成绩成为世界上奔跑最快的昆虫之一。取得如此佳绩，与它们的身体构造分不开。虎甲虫突出的眼睛和细长的腿部，使它们能够快速奔跑。但遗憾的是，它们虽跑得快，但是视力却跟不上，只有将速度降下来才能看清楚周围的一切。

象鼻虫除了口吻长外，拐角着生于吻基部也是它的特色之一

虎甲虫

象鼻虫

小身材，大鼻子

有一种昆虫，体型特别小，但是长着一个长长的"鼻子"——"鼻子"的长度几乎占到了身体的一半，因此人们管它们叫"象鼻虫"。其实，象鼻虫长长的"鼻子"是它们的口吻，那是它们用来咀嚼食物的口器。

象鼻虫体长在0.1厘米到10厘米

好斗的甲虫

扁扁黑黑的锹形虫像个铁锹，它们拥有标志性的大颚，显得非常勇猛。这既是它们的挖木头、觅食的工具；也是对抗天敌，争夺实物、地盘或者异性的武器。如果两只锹形幼虫相遇，它们会以大颚互相撕咬，直到一方被咬死。

屎壳郎推粪球时是如何看路的?

奇思妙想

科学家曾为"谁是地球上最彪悍的动物"展开对比研究，结果发现屎壳郎居然排第一。如果按照动物自身的体重和它所负荷的重量比例来计算，屎壳郎是世界上最强的昆虫。经过科学实验证明，屎壳郎可以拖动比其自身重量重 1140 倍的物体。

而且，我们也常常亲眼看到或者在影视资料上看到，一个屎壳郎推着一个巨大的粪球向前滚动。可是，聪明的读者，你有没有想过，显而易见，如此大的粪球已经阻挡了屎壳郎的视线，那么，屎壳郎在推粪球的时候是怎么看路的呢？它怎么能够在视线被挡的情况下准确地将粪球推到自己的地盘呢？

最近科学家发现，屎壳郎推粪球的时候居然是靠天象来导航的。而且，昼行性屎壳——在白天推粪球的屎壳郎与夜行性屎壳郎所依赖的天象是不同的，而且它们体内的导航系统也有所差异。

屎壳郎在遇到其他动物的粪便时，会把粪便分割成小块，然后把小块的粪便滚成粪球。之后，它们会爬上粪球，跳一会儿舞。这种舞蹈是用来帮助它们定位的，然后它们会朝着特定的方向滚动粪球。

在白天滚动粪球的屎壳郎，依靠光线明亮的太阳来寻找方向。而夜晚滚动粪球的屎壳郎，则没有那么容易了。夜晚没有太阳，月光微弱，而且满天星辰，势必会对屎壳郎的定位产生干扰作用。所以夜晚推粪球的屎壳郎不靠月光定位，而是靠大气层中分布的偏振光来定位和导航。这种偏振光是由日光和月光相互作用产生的。人类是看不到这种偏振光的，但是屎壳郎却可以。

重振雄风

"加油！打它！""快，把它掀翻！""好……好……好……唉！""我赢了，哈哈！你果然厉害！"一桌四个人围着中间的器物，情绪很是激动。原来他们四个在赌哪个独角仙会赢。除了一个人高兴地手舞足蹈外，另外三个气急败坏，又是拍桌子，又是摔凳子的。原来"常胜将军"独角仙大王今天败了！

这个独角仙大王来自附近森林，被逗虫的人捉来，卖给了这个"角斗场"。

独角仙大王，凭着自己的耐力和强盛的战斗力，打败了这个"角斗场"中大大小小的挑战者，成为了这里战无不胜的"常胜将军"。然而今天，捉虫的人捉到了更强大的独角仙，以高价卖给了一个"斗虫者"。"斗虫者"就用它来挑战独角仙大王，没想到后来的独角仙一鸣惊人。

败下阵来的独角仙大王让它的主人和投注于它的人惨败，它被主人抛弃了。情绪低落的独角仙大王在人类的脚下爬行，它要回到它熟悉的环境——森林。

城市对它而言是个危险的地方。匆匆的行人急骤的步伐，随时会让它粉身碎骨。夜晚的霓虹灯，对于独角仙大王而言，简直是场灾难。它无法看清回去的路，趋光性让它像没头苍蝇一样乱撞。独角仙大王只能飞到高空，这样才能降低人类对它的干扰和影响。终于，跌跌撞撞独角仙大王回到了它熟悉的那片森林。

现在它要做的第一件事，就是填饱饥肠辘辘的肚子。它找到一棵高大的果树，它用铲状的上唇划破树皮，毛刷状的舌头舔舐刚刚渗透出来的树汁，尽情地享用着果树的汁液。

就在独角仙大王快要填饱肚子的时候，它发现了树下草丛中一只美丽的雌性独角仙。它被这只异性吸引了，犹豫片刻后，它飞到了雌性独角仙的附近，刚打算接近雌性独角仙，一只更大的雄性独角仙出现了。毫无疑问，独角仙大王想要"抱得美人归"，必须再战一次。

独角仙大王上下晃动它的额角，对方也不示弱，收缩腹部发出"叽叽"的示威声。它们都向对方奔去，努力将自己的颚角插入对手的身体下方，只有这样才有机会将对方掀翻。几轮下来，它们有些体力不支。独角仙大王用尽最后一丝力气将对手高高举起，掀翻在地。

独角仙大王终于重振雄风，赢得了胜利，理所当然地带走了它的"美人"

鳄　鱼

鳄鱼

鳄鱼虽被称为"鱼"，但它并不是鱼类，而是卵生爬行动物。鳄鱼，作为迄今为止地球上最古老的物种之一，保留了早期恐龙类爬行动物的许多特征，因而鳄鱼也被称为"活化石"。鳄鱼是肉食性动物，因其性情暴戾凶猛，再加上一副长嘴和长脸的长相，而被世人誉为"世上之王"。

呼吸系统

鳄鱼有着双重呼吸系统。有科学家发现，美国短吻鳄吸气时，空气从鼻孔进入第二支气管，从第二支气管流经第三支气管，然后进入第一支气管，最后呼出体外。这一特别的呼吸系统使它与鸟类的呼吸方式更接近，这样的呼吸系统更能增强呼吸效能。

鳄鱼鼻子

露出尖牙的鳄鱼

鳄鱼爪子

特有习性

鳄鱼是脊椎类爬行动物，从温带到亚热带广有分布，主要栖息于湖泊、沼泽、浅滩等。成年的鳄鱼多数时间是在水下度过的，有时候会把眼睛和鼻子露在水面外。鳄鱼看起来比较笨重，可是它们的听觉和视觉非常灵敏，但凡有点儿动静，它们就会立刻沉入水中，静待观察。下午会浮出水面晒太阳，夜间活动频繁。

鳄鱼主要栖息在河湾和海湾交叉口处

繁衍孵化

鳄鱼眼睛

孵化出壳的小鳄鱼

交配后的雌鳄鱼在产卵之前，会先到岸上建造自己的"产房"。它用树叶、干草等柔软的东西铺在自己的巢内，然后安静地待产。产卵两三天前，雌鳄鱼常常流泪，大概是疼痛所致。产下卵后，雌鳄鱼会用树叶和干草将卵盖住，一是为了掩护鳄鱼卵，再者可以保温。雌鳄鱼利用太阳的光照和杂草的热量来孵化卵。这一时期，雌鳄鱼会非常敏感，不允许任何动物接近它的巢。

扬子鳄

作为中国特有，史上最小的鳄鱼，扬子鳄弥足珍贵。它们喜欢安静，白天常常栖息于自己的洞穴中，偶有活动，晚上非常活跃。白天的时候，扬子鳄常常半闭着眼睛，懒洋洋地晒太阳。似乎进入半睡眠状态的扬子鳄其实时时保持警惕，一旦发现有危险或者有食物时，立马进入攻击状态，这一转变常常只需要几秒钟。

扬子鳄

河口鳄

河口鳄是最危险的鳄鱼，同时也是现存最大的爬行动物。河口鳄以长得快著称，当它们长到 4 米长的时候，就变身为最厉害的掠食者了。河口鳄非常注重自己的领地权，吃饱喝足的日子，河口鳄常常出去寻找领地。只要被河口鳄看中的领地，即使已经有鳄鱼占领，它也会想方设法驱走原主，自己独占此地。

河口鳄

近视远视

鳄鱼在水中是不折不扣的远视眼患者，所以鳄鱼会长时间潜伏在远处的水底等待猎物的出现。但不能疏忽的是，陆地上的鳄鱼却是"千里眼"，它们对近处物体看得很模糊。

鳄鱼眼睛

如果鳄鱼不流眼泪会怎样？

奇思妙想

鳄鱼身披盔甲，张着血盆大口，形象狰狞丑陋，而且生性残暴，同类间也常常为争夺猎物而相互撕咬，血腥凶残的场面令人生畏。即便如此，人类发现这种凶残的动物也有"慈悲"的一面。鳄鱼在贪婪吞吃食物的同时，会默默地流下"悲伤"的眼泪。难道鳄鱼具有同情心？它们流泪的真正原因是什么？

事实上，鳄鱼凶残的本性决定了它们是不会有同情心的。但是它们却一定会流眼泪。鳄鱼流眼泪是一种自然的生理现象，是鳄鱼在排泄体内多余的盐分。肾脏是动物的排泄器官。但是由于鳄鱼肾脏的发育不完善，无法将体内多余的尿素和盐类完全排出体外，所以要借助其他腺体来排泄。而在鳄鱼的生理结构中，盐腺就充当了排出含盐液体的辅助腺体。盐腺是由一根中央导管和它辐射出的几千根细管构成的。由于血管与血管交错在一起，所以它们可以把鳄鱼血液中的多余盐分分离出来，然后再由中央导管排出体外。因此盐腺是鳄鱼的天然"海水淡化器"。当然海洋中的很多动物都有这样类似功能的"海水淡化器"。鳄鱼的盐腺恰好在眼睛的下面。当它捕食时，自身的新陈代谢速度就会加快，积累在体内的盐溶液就会增多。因此，盐腺的排泄量越多，鳄鱼吞食猎物时流的"眼泪"也就越多。鳄鱼流泪是一种自然的生理特征，是无法避免的。

乐园之渡

7月份的非洲草原，已然进入了旱季。太阳火辣辣地炙烤着大地，这片广袤的草原已经被动物们吃成不毛之地了。迁徙对于牛羚和斑马来说势在必行，它们结伴上路了。

太阳似乎越来越热，迁徙大军此时口渴难耐，迫切希望找到水源。终于，牛羚和斑马到达了马拉河。此刻，马拉河的水对它们而言极具诱惑，牛羚群蠢蠢欲动。有经验的牛羚和斑马都不敢轻举妄动，它们知道贸然喝水可能会付出沉重的代价。在队伍最前面的小牛羚们却跃跃欲试，因为它们实在是太渴了。

终于，禁不住诱惑的小牛羚小心地从岸上走下来，希望侥幸可以喝到水。小牛羚试探着喝了几口水，发现没有危险，便张开大嘴"咕咚……咕咚……咕咚"喝起水来。后面年长的牛羚也按捺不住了，它们也想下来畅饮一番。

就在这时，喝得痛快的小牛羚居然"忘我"地往水里走去。忽然，水里伸出一张血盆大口，朝着小牛羚咬去。还好，小牛羚反应比较快，张嘴的鳄鱼扑了个空。

岸边上的斑马等得着急了，它们喝饱水，它们要先过河。斑马们纷纷可没有耐心等待牛羚从岸边走向河里。而此时，鳄鱼也开始集结。成年斑马对于鳄鱼来说不容易扳倒，但是对付小斑马就很容易得手。于是，小斑马就成为了鳄鱼们"下嘴"的目标。

小斑马若有爸爸妈妈保护，还可侥幸安全渡河。一旦落单，小斑马可就危险了。一只落单的小斑马奋力想要赶上爸爸妈妈，可是鳄鱼没有给它机会。就在它马上要跟上爸爸妈妈的时候，鳄鱼在它后面咬住了它的后腿。如果只是一条鳄鱼，也许小斑马还有逃生的机会。可是这时候又有两条鳄鱼朝这边游来，小斑马凶多吉少。在鳄鱼的围攻下，小斑马挣扎几下便倒下了。它被众多鳄鱼按在水里不能起身，最终溺水而亡。鳄鱼们残暴地把它分食了。

许多小牛羚和小斑马惨遭鳄鱼毒手，血染马拉河。后面的牛羚和斑马在它们的血水和尸骨中渡过马拉河，到达了牛羚和斑马向往的"乐园"——另一片水草丰美的草原，它们将在那里舒服地度过旱季。

蛇

珊瑚蛇

蛇是四肢退化的爬行动物，虽然细长柔软，但却是脊椎动物。蛇种类繁多，可达 3000 种，足迹几乎遍布世界，尤以热带见多。它们或是半树栖，或是半水栖，或是水栖。世界上所有的蛇都是肉食动物，它们只分有毒蛇和没毒蛇。人人常常谈蛇色变，但蛇在整个生态系统中有着重要的作用。一旦蛇被过度捕杀，整个生态系统就会遭到破坏。

冬眠习性

每年冬天，蛇都会钻到洞中去冬眠。冬眠期间不吃不喝，一动不动。等到冬天过去，天气转暖，蛇就苏醒了，开始出去觅食。此时的蛇常常一边觅食一边慢慢蜕皮。蜕皮后，蛇的活动量增大，食欲变强，体力逐渐恢复。

正在脱皮的蛇

分叉的舌头

蛇的舌头就像是人的左右耳一样，蛇利用舌尖分叉，来判断气味来源的方向，从而决定它要前进的方向。科学实验证明，如果剪去蛇的舌尖分叉，它就会失去跟踪气味痕迹的能力。

分叉的舌头

蟒蛇吞下了一只鳄鱼

大嘴王

蛇的吞食技巧很独特。蛇的咽部和相应的肌肉系统都有很大的扩张和收缩能力，能随着食物的大小而变化。蛇在吞食时先将口张得很大，然后把猎物的头部衔进口里，用牙齿紧紧地卡住猎物的躯体，然后慢慢吞下猎物。这样的吞食方式使蛇很容易吞食比自己大好几倍的动物。

嘴巴可以根据猎物的大小而变化

拥有剧毒的竹叶青

消化系统

多数食肉性的蛇，消化液的消化能力特别强，能溶解动物的肢体。毒蛇的毒液就是它的消化液，就如同人的胆汁一样也是一种消化液。蛇在吞食食物的同时就开始消化了，而且还会把骨头吐出来。

头部为椭圆形

眼镜蛇科中的太攀蛇的毒液是其他种类眼镜蛇的50倍

太攀蛇

眼镜蛇

眼镜蛇

眼镜蛇是一种大型毒蛇，它的头部为椭圆形，外表为黄褐色或深灰黑色。当它兴奋或发怒时，便会昂起头，同时颈部扩张呈扁平状，这时背部会呈现一对美丽的黑白斑，看起来像是眼镜状花纹，由此而得名眼镜蛇。

食蛋蛇

生活在非洲和印度的游蛇中有一类是食蛋蛇。由于它的肌肉组织很特殊，适于食蛋，故得此名。这类蛇的咽部上方有6～8个纵排尖锐锯齿，当它把蛋吞进咽部时，随着吞咽动作的进行，蛋的硬壳就会被锯破。然后借助颈部肌肉的张力，把蛋壳挤压破碎。而蛋黄、蛋白则被挤送到胃里，至于消化不了的蛋壳碎片和卵膜，则会被压成一个球状的物体从嘴里吐出。

食蛋蛇

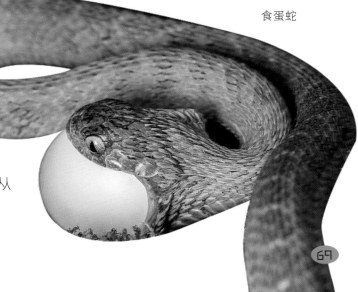

如果蛇不长舌头 会怎样？

奇思妙想

人的舌头是用来品尝味道和帮助人说话的器官，可有些动物的舌头会有更奇特的作用。如果在草丛里遇见一条正移动的蛇时，可以发现它的头总是仰起的，紫黑色的舌头从嘴里向外不停地伸缩。看着蛇那条开了叉的舌头在空中弹动一定会让人胆战心惊。有人认为这就是蛇的有毒器官，甚至传说蟒蛇的舌头可以把人或其他动物从很远的地方吸到肚子里去。但事实上蛇的舌头既没有毒，也没有那么大的威力。

蛇的舌头不仅是异常敏锐的"手"——用来准确地触摸它碰到的每一件陌生物体，而且还是一种高级的嗅觉探测器官。蛇的舌头和人的舌头不一样，人的舌头可以用来辨别味道，例如辨酸、甜、苦、辣、咸等。蛇的舌头却不能品尝各种味道，而是"闻味"，也就是探试物体、分辨味道。蛇也有嗅觉，不过它的嗅觉不算灵敏。蛇的嗅觉器官长在口腔里边，伸不出来。因此它闻味时，必须靠舌头帮助。精巧的叉形舌尖从空中、地面和水里抓住细小的颗粒，把附着的少量物质送回到口中，将叉形舌尖缩回上颚的两个小孔里，小孔里布满了敏感的感觉细胞。这样，蛇才对周围环境有了准确的嗅觉和感觉。所以我们平时见到蛇把舌头伸出来，其实它们是在闻味，寻找食物和判断它所处的环境条件。

如果它发现有鸟、青蛙、老鼠、野兔等一些小动物，就会立即扑过去，把口张得很大，把猎物囫囵吞下去。蛇的舌头还是很好的听觉器官，可以用来探听周围的动静，来帮助它不甚发达的视觉。由此看来，舌头是蛇最得力的帮手，如果没有了舌头，它们将如同瞎子一般无法辨别方向，无法了解自己周围的环境，蛇将寸步难行，失去生存的能力。

雨林之王的生活

清晨，雨林之王——眼镜王蛇"唰唰"地在地上的落叶中穿行，尽管声音很小，依然被其他动物注意到了。树上正在玩耍的猴子，听到这个声音停止了打闹；正在地面吃草的鹿，赶紧为它让路；大象看到它立马躲得远远的。大家都知道眼镜王蛇可不是好惹的。

但此时的眼镜王蛇完全没有心思理会这些，它必须尽快找到水源，补充水分，好完成蜕皮工作。终于，它爬到了水边，脑袋伸进水里，咕咚咕咚喝了起来。

它喝饱了水，找了一个洞钻进去，静等蜕皮。分泌物让它的眼睛几近失明。任何动静都会让它感到不安和焦躁。一只路过的乌龟差点让它大发雷霆，所幸，乌龟爬过去了。一段时间过后，它身上的皮开始爆了。于是它故意在树杈和树叶多的地方慢慢爬行，好让树枝、树杈等把又紧又痒的旧皮刮掉。

终于，它完成蜕皮，焕然一新。为了蜕皮，禁食十天的它饿坏了。它出洞第一件事就是去寻找吃的。它爬上一棵树，在树叶的遮蔽下等待自己的猎物。

它看到一只腾蛇从树叶后面钻出来，直奔树干上的犀鸟窝而去。腾蛇张开嘴巴，虚张声势，想要吓跑犀鸟妈妈，好一口吞下窝里的小鸟。可是犀鸟妈妈根本不怕，它朝着腾蛇一嘴下去，叨起来，撕碎后喂给尚在窝里的小犀鸟。

忽然，大树下传来"沙沙"声，一条锦蛇向这边爬来。这正是眼镜王蛇要等的大猎物。眼镜王蛇慢慢爬下树，尾随它而去。而这条锦蛇闻到了老鼠的味道，朝着一只正在吃东西的老鼠奔去。眼镜王蛇紧随其后。

最后，老鼠因为受到惊吓逃跑了，锦蛇不仅没有吃到食物，自己反倒要成为眼镜王蛇的食物了，一场恶战即将展开。

锦蛇自然害怕眼镜王蛇，但它仍旧要抵抗。锦蛇放低头，吐着舌头，一副恐吓的样子。但是这对眼镜王蛇丝毫不起作用。它朝着锦蛇一口咬下去，并放出了自己的毒液。锦蛇奋力反击，但是大势已去。片刻，它体内的眼镜王蛇的毒液开始发作，全身瘫痪无力。眼镜王蛇美美地饱餐一顿，而后回洞中休息去了。

蜥蜴

蜥蜴，以其和蛇相似的长相和密切的亲缘关系，而又被称为"四脚蛇"和"蛇舅母"。蜥蜴是爬行动物中种类最多的族群，有记录的品种就达 4700 种之多。这个庞大的家族主要活动于热带和亚热带，温带和寒带也有分布。为了适应环境的差异，它们的栖息环境也是丰富多变，湖泊、沙漠、沼泽地、树林都是它们的栖息地。

壁虎身体通常为暗黄灰色，带灰、褐、浊白斑，但也有例外

壁虎

生活习性

蜥蜴的足迹几乎遍布全球，这个庞大的家族为了适应不同的环境而进化出不同的生活习性。热带及亚热带的蜥蜴终年可以活动，但有时候夏季过热，天气干燥加上食物短缺，它们就会停止活动，进入夏眠状态。而温带及寒带的蜥蜴因为冬天太冷，作为变温动物，用冬眠来帮自己度过冬天。蜥蜴这个庞大的家族活动不仅有地域性、季节性，还有昼夜性，有的在白天活动，有的则是晚上活动。

变色龙

截尾求生

断掉的尾巴

壁虎常常在遇到危险的情况下，选择截断自己的尾巴自保。截掉的尾巴还能跳动，成功吸引天敌的注意力，从而为自己逃跑拖延时间。壁虎断掉尾巴还可再生，只不过再生的尾巴只是一根连续的骨棱而已。

断尾壁虎

大音希声

蜥蜴的绝大多数品种都不发声，除了壁虎类。壁虎能发出嘹亮的叫声。有许多像壁虎一样不轻易发声的动物，只有他们求偶的时候才发声，但是壁虎发声不是为了求偶，而是对自己领地一种警示。当有入侵者侵犯了它的领地时，它会发出警告的叫声。

壁虎的叫声有微弱的滴答声、唧唧声至尖锐的咯咯声、犬吠声，依种类不同而不一样

用舌捕食

变色龙有着不可思议的舌头，它的舌很长，可以伸到几乎和身体等长的距离。其舌端膨大，富有黏液，当昆虫距它还有三四十厘米时，它的舌头能迅速弹射出去，准确地以舌端粘住昆虫，卷送口中美餐一顿。

变色龙进食

变色龙靠舌头捕捉昆虫。它的舌头从弹射到收回只需要1/16秒的时间。

背部大多呈现黄褐色或灰褐色并饰有深色斑纹

沙里遁——沙蜥

沙蜥生活在沙漠中，沙子就是它的生命保障。一旦发现有危险，沙蜥会迅速遁入沙中。当中午灼热的太阳炙烤着大地时，沙蜥也会把自己埋入沙中，这样可以避免被烧伤。当它们把自己埋入沙中的时候，它们眼睑边的鳞片可以保护它们的眼睛不进沙子。而指、趾一侧的鳞片可以减少它们接触炙热沙漠的面积。

沙 蜥

侏儒壁虎身长约1.5厘米，而且还是把尾巴算在内的情况下，是世界上最小的爬行动物之一

水上漂——侏儒壁虎

顾名思义，侏儒壁虎的个头很小。侏儒壁虎生活在巴西，经常受到雨水的困扰。对于瘦小的侏儒壁虎来说，一个小水坑就好似一个大湖泊。在多雨的巴西，为了生存，侏儒壁虎进化出了防水的皮肤和水上漂的本领。

侏儒壁虎

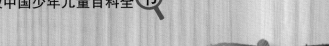

如果变色龙在镜子中看到自己会怎样？

奇思妙想

变色龙能随着周围环境的改变而改变肤色，变色龙因此而得名。变色龙改变体色一来是为了适应周围环境保护自己，二来体色的改变可以作为变色龙重要的信息交流工具。举例来说，变色龙体色多数情况下是绿色，但是当他们感到紧张不安时，它们的体色就会出现深色的斑点；而它们在睡觉的时候，体色就转为黄绿色；发情期的雌性变色龙身体上会出现黄褐色的板块，怀孕的雌性变色龙又会变为黑灰色……如果变色龙在镜子中看到了自己，又会怎样呢？它会变色吗？会变成什么颜色呢？

若要揭开这一问题的答案，首先需要了解变色龙变色的秘密。变色龙之所以能够变色得益于变色龙的真皮细胞的表面的红细胞。这层红细胞内层有一层排列着的晶体，通过改变这些晶体排列的结构，从而实现改变颜色。当变色龙在放松状态下时，晶体排列紧密，体色呈现绿色；紧张状态下，晶体排列松散，会呈现红色、黄色等。

所以，当雄性变色龙在镜子中看到自己时，立马变得紧张起来。因为在它眼中看到一个可能与自己争夺"地盘"和"配偶"等资源的雄性变色龙时，它的情绪会异常激动，而身体的颜色也随之改变，由放松时的绿色变为紧张不安的黄色、橙色甚至于红色。它们在奋力传递信号，以其恫吓镜子中的"雄性变色龙"，让其知难而退。

相对于雄性变色龙而言，雌性变色龙在镜子中看到自己时变化就不那么鲜明了。雌性变色龙在镜子中看到自己时，变化不一，有的变色，有的不变色，即使变色的雌性变色龙身体所变的颜色也不相同。相对于雄性，雌性变色龙的变化更细微，更复杂。

险象丛生

科隆群岛上热闹非凡。此时，又到了海鬣蜥们交配的季节。两头雄海鬣蜥为了赢得与旁边雌海鬣蜥交配的权利而决斗。它们撕咬在一起，打得不可开交。这反倒给了在一旁看热闹的体型较小的海鬣蜥一个机会。它趁两个"巨头"在打架，混乱之际，它偷偷地爬到雌海鬣蜥身上，准备和她繁衍下一代。

不巧，较小的海鬣蜥还没有得逞，刚刚取胜的雄海鬣蜥就走过来了。它咬住雌海鬣蜥的头，把它带到了岛上一处偏僻的地方，开始繁衍下一代。

不久，雌海鬣蜥就怀孕了，她要登岛产卵。可是这个时候，岛上的火山喷发了。炙热的岩浆席卷全岛，一直流向大海。绝大多数海鬣蜥要么被烫死，要么被滚烫的海水活活煮死。岛上的海鬣蜥所剩无几，海鬣蜥妈妈侥幸存活。

海鬣蜥妈妈冒险登岸，在沙滩上挖洞、产卵，然后飞速奔回大海。但老鹰们早在岩石上盯上了它。一只老鹰俯冲过去，一下子摁住了海鬣蜥妈妈的脑袋，想要带它飞起来，可是海鬣蜥妈妈苦苦挣扎，没让老鹰得逞。

海鬣蜥妈妈挣扎着，努力把老鹰拖向大海。可是鹰也不甘示弱。它们势均力敌，僵持着。海鬣蜥妈妈用尽全身的力气，把老鹰拖往水里，就在快要成功的时候，气急败坏的老鹰一下子就把海鬣蜥妈妈给啄死了。老鹰飞走了，任由海水冲击着海鬣蜥妈妈的尸体。

一段时间之后，小海鬣蜥出生了，它必须到海里才安全。但在它去海里的路上埋伏了无数个"杀手"——蛇。许多刚出生的小海鬣蜥都已经葬身于蛇腹。小海鬣蜥飞速地跑向大海。岩石缝中窜出的许多条蛇，拼命地追着小海鬣蜥。在蛇快要追上它的时候，小海鬣蜥来了一个急转弯。如此这般，几个急转弯之后，小海鬣蜥终于甩掉了蛇，安全地进入了大海。小海鬣蜥暂时活下来了，但还有许多危险在等待它去面对。

奇异动物

大千世界，无奇不有。在神奇的大自然中，存在千奇百怪的动物。它们或是外形奇特，或是习性古怪……为了生存，它们演变出各种各样的形体；为了生存，它们进化出各式各样的本领。或奇或特的动物，带给我们不一样的视觉感受和情感冲击。

鹦嘴鱼经常成群结队巡游珊瑚礁区，吞食珊瑚枝

捕食珊瑚的鹦嘴鱼

水滴鱼没有鱼鳔，靠鳃呼吸

由于它们游动比较慢，所以很难逃脱深海捕捞，因此现在的生存状况并不乐观

全世界最忧伤的鱼

在澳大利亚的塔斯马尼亚1200米深的海底中，生活着全世界最忧伤的鱼。它们天生一副哭脸，表情甚是忧伤。它们就是非常罕见的水滴鱼。水滴鱼的身体呈蝌蚪状，由凝胶物质构成，所以看起来滑溜溜的。

海里的"小飞象"

迪士尼动画里的"小飞象"怎么会跑到海里呢？原来在大西洋海底的中部山脊海域生活这种类似大象的"章鱼"，它们有两只超级大的"耳朵"，很像"小飞象"，于是科学家给这个物种起名字叫小飞象章鱼。但实际上它并不是真正的章鱼，而是一种软体动物。它们身体有许多发光器官，借以吓唬来犯者。

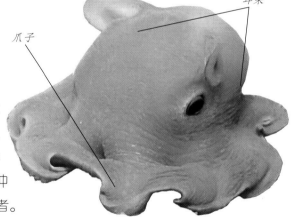

耳朵

爪子

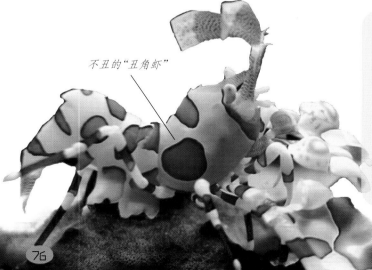

不丑的"丑角虾"

丑角"不丑"

有一种叫"丑角虾"的物种，是一种模样奇特的水下生物。它们外观独特而美丽，色彩异常鲜艳。但它们却是非常危险的掠食者。如果海星遇到丑角虾，那就厄运难逃了。丑角虾用自己的针形前腿使海星瘫痪，然后慢慢享受自己的大餐。

最卑鄙的蜘蛛

　　黑脚蚂蚁蜘蛛被称为"最卑鄙的蜘蛛"。这种蜘蛛长着蜘蛛的脑袋、蚂蚁的身体，将自己伪装成蚂蚁的样子一次又一次躲过了掠食者。黑脚蚂蚁蜘蛛喜欢群居，通常一张网上往往住着 10~50 只不等的黑脚蚂蚁蜘蛛，这也能有效躲避捕食者。但是对别的动物而言，黑脚蚂蚁蜘蛛是极其危险的，因为它们有较强的毒性和攻击性。

黑脚蚂蚁蜘蛛

苍蝇有 1 对膜质翅膀，翅膀上有 6 条不分支的纵脉和 1 条腋脉

复眼

毛状爪

带"雷达"的飞行高手

　　苍蝇被誉为带着"雷达"飞行的高手。苍蝇依靠 360° 无死角的复眼、感知空气变化的体毛而成为飞行高手，通常危险还没有到来，它们已经做好了应对策略，计算出了最佳逃跑路线。

长相滑稽的箭蟹

　　箭蟹的长相十分滑稽。箭蟹生活在深达 10 米的珊瑚礁上。为了适应这种栖息环境，箭蟹进化出了长长的腿、尖尖的脑袋和突出的眼睛。这样的长相让它们看起来很滑稽。事实上，箭蟹是一种适应能力很强的甲壳动物。它们夜间出来觅食，遇到什么吃什么，真是个不挑食的家伙。

箭蟹有 8 条长腿，2 条前腿的末端，长着 2 个很小的螯

如果双色虾伸直身体会怎样?

奇思妙想

双色虾十分罕见,每 5000 万只龙虾中才有一只双色虾。双色虾实质上是基因突变的龙虾。双色虾和其他虾有一样是相同的,那就是总是弯着腰弓着身子,就像人在打盹时候的样子。这是为什么呢? 难道虾是天生这样,还是因为它在海水里感觉到冷,才蜷缩着身子。假如虾伸直了身子该多好,它们也不至于总不能挺直腰板生活,我们在吃虾的时候也不会因为不方便而划伤嘴巴了。

虾属于甲壳类节肢动物,它的头部有附肢 5 对,胸中有附肢 8 对,有 5 对步足。虾在水底爬行时主要靠的就是 5 对步足。

"大鱼吃小鱼,小鱼吃虾米"是用来形容动物界中弱肉强食的现象。这虽然是动物生存的自然规律,但也说明了虾在食物链中排在最底层。由于虾是水中最弱小的动物之一,所以,许多鱼和体型庞大的动物就会以虾为食。虾常常会遭到这些敌害的侵袭。一旦虾遇到危险的时候,便会弯起腰,紧接着再用尾巴和附肢拼命地划水,然后猛地向远方弹跳。由于虾在弹跳时方向不固定,所以,令侵袭它的敌人不知所措,无从下手。只有这样,虾才能化险为夷。虾就是利用这种不定式的弹跳动作来逃命的,是它本能的防身术。

活蹦乱跳的鲜虾是这样的,那么我们在餐桌上见到的虾为什么也是弯着身子呢? 虽然生虾的躯体可以通过人为拉直,但是由于虾的身体里主要包含有肌蛋白,在加热超过 50℃ 的情况下,这种蛋白质就会变性,导致虾身体内部的物理结构和化学反应都会发生变化,虾身体就会自动收缩,这样虾看起来也就弯曲了。

蜘蛛的天罗地网

天气晴朗，树林里传出啁啾的鸟叫声，一片祥和。一条河流从远方流淌过来，赋予这片青葱的树林以灵气。蜻蜓们时而飞翔，时而点水。然而，和谐的画面背后却暗藏杀机。一只达尔文树皮蜘蛛立在枝头，它要布置自己的天罗地网，在这勃勃生机之地，觅得自己食物。

蜻蜓成为了树皮蜘蛛的首个目标。想要抓捕那些在水中央点水的蜻蜓，势必要在河中央拉一张网。如何在一条宽25米的河流中央结网呢？这河可是"和尚的脑袋"——光秃秃的啊，连棵树都没有。换作别的蜘蛛，也许会犯难，但它可是树皮蜘蛛，这对它来说小菜一碟。

只见树皮蜘蛛立在枝头，气沉丹田，霎时间一缕银丝喷射而出。在阳光的照耀下，银丝越发透亮。树皮蜘蛛要喷射一条长25米的蛛丝，横跨整个河流，然后把网挂在这根丝下面。

先不说蜘蛛吐丝如何高明，且是一口气吐25米长，蜘蛛的"肺活量"也让人类望尘莫及。这么长的蛛丝是怎么藏在它弱小的身体中的呢？树皮蜘蛛还真是武林高手啊。

转眼的工夫，一条蛛丝已经横亘在这条河的上面。这真是"一丝飞架南北，天堑变通途"。这根蛛丝变成了缆绳，树皮蜘蛛沿着这根"缆绳"要到河中央去布置陷阱。忽然"缆绳"发生剧烈的震颤，原来一只同类从彼岸爬来，来者不善。它是要不劳而获啊！于是，树皮蜘蛛果断一口咬断了自己的丝。这一招果然奏效，达到了自己的目的——"不战而屈人之兵"，彼岸那只蜘蛛只好悻悻而退了。

树皮蜘蛛可以全力结网了。半天的工夫，它织出了一张直径达2米的网。既然天罗地网已布置好，剩下的就是"守株待兔"了。果然不多时，一只蜻蜓撞上了网，被粘住了。蜘蛛爬过去，还没有食用，另一只蜻蜓也撞了上来。树皮蜘蛛只好先"打包"，用自己的蛛丝织成"保鲜膜"，牢牢将两只蜻蜓裹住，留着以后吃。接着就坐等其他不速之客上门了。

这只树皮蜘蛛此后很长一段时间里，可"衣食无忧"了！

人类与动物

人类与动物共生于这个地球。从进化的历史看，人类是高级动物，没有原始动物就没有人类。人类与动物，既有区别，又有联系。人类的生活离不开动物，人类无论出于自保，还是为整个生态平衡考虑，都应该与动物和谐共处，爱护动物，保护动物。

是动物非动物

人类是高级动物，但与动物又有许多不同。语言和思维将人类和动物区分开来，主观能动性是人类和动物的本质区别。制造和使用工具，是动物和人类之间显而易见的区别。类人猿可以直立，也可以使用某些自然的工具，但是不会制造工具，所以类人猿不属于人类。

人类的进化

动物——人类的衣食父母

动物是人类的衣食父母，动物为人类的生存提供了丰富的物质资源。被誉为"骑在羊背上的国家"的澳大利亚，羊对于他们来说具有重要的意义。而"沙漠之舟"骆驼，对阿拉伯人的意义也非同一般，骆驼是阿拉伯国家重要的衣食来源。

鹿茸

"沙漠之舟"骆驼

动物——人类的保健医生

很多动物能够治疗人类的疾病。例如，梅花鹿的鹿茸，那是药中上品；人们利用蝎子"以毒攻毒"，达到排毒的效果；蜈蚣，在止惊和抗惊厥方面有奇效。长期以来，动物为人类健康做出无私贡献，成为人类的朋友。

动物——人类的启蒙老师

动物给人类以启发，人类观察动物，把动物的某些特点应用于自己的生产和生活。这无疑推动了人类科技进步和文明发展。例如，人类根据蝙蝠的超声波定位发明了雷达；根据水母和墨鱼的反冲力发明了火箭；根据鱼类和海豚的特点，发明了潜艇；根据变色龙的特点，发明了军队的伪装术。

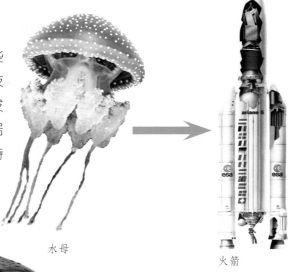

水母

火箭

鲫鱼　　　　潜艇

动物带给人类的启示，促进了科技的进步

动物、植物和人类

植物为动物提供食物和栖息地，动物是植物的传粉媒介，互惠互利，维系生态平衡，人类从中受益。动物吞食植物的果实，间接为植物传播种子。达尔文说，没有植物就没有动物，没有动物就没有人类，它们是有机联系的整体。

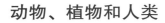

动植物和人类是地球生物圈内的主要组成部分，也是生态系统平衡的重要因素，彼此依存又彼此影响

人类——动物的守护神

由于人类的乱杀滥捕，越来越多的动物生存状况不容乐观，甚至濒临灭绝。人类应该做动物的守护神。在保护动物和维系生态平衡方面，人类有所反思，并做出相应措施补救。比如，人类建立自然保护区保护动物；出台法律法规，禁止乱杀滥捕，尤其是捕鲸杀鲸方面；禁止保护动物皮毛买卖。没有买卖就没有伤害，人类保护动物就等于在保护自己。

如果动物也说人类的语言会怎样？

奇思妙想

人类的语言是人类区别于其他动物的特征之一，但为什么狼孩不会说话呢？是因为他和狼在一起的时间长了，错过了学习语言的最佳时期吗？那么，假如让刚出生的小动物一直和人生活在一起，到一定年龄时，它们是不是会像人类一样说话呢？如果动物也会说话，该有多好啊！它们就可以直接告诉人们什么时候地震，什么时候发洪水，什么时候有暴风雪……很多无辜的人就不会白白送了性命。

动物根本就不会像人那样说话，因为在人脑的左半球有许多专门化的区域，如在颞叶中有能对语音进行分析综合的区域，而在额叶前区后部则有能把口头语分节音改变成复杂的顺序性的区域，等等，这些都是其他动物所不具有的。

虽然动物不能像人一样说话，但它们一样能够用它们独特的方式进行交流。声音是动物常见的交流方式，生活在海洋深处的鲸会发出一种频率很低的声音，确保群体间的联系。一只刚刚独立生活的小鸟会站在树枝上不停地鸣叫，来告诉同伴它有了"领地"，希望同伴可以认可；在繁殖季节，许多昆虫则发出简单呼唤的声音；进食时的猫在受到干扰时会发出低声的呼呼声；狗则会通过"汪汪"的吠叫声来警告入侵者；等等。除此之外，动物的交流方式还有很多，如蜜蜂通过舞蹈来向同伴传递信息，色彩鲜艳的箭毒蛙是在警告敌人，萤火虫以一闪一闪的发光来告诉同伴它的位置等。蚂蚁更有趣，当一只蚂蚁在找到食物且自己无法独自搬运回家时，它会快速回到自己的巢通知同伴。而在回家的路上蚂蚁会留外激素以便于认路，回巢后蚂蚁会分泌适当比例的外激素告知同伴去几只合适……

最痛是别离

一对年轻的夫妇，带领四个矫健的抬夫，抬着一个笼子，步履蹒跚地走在婆罗洲的雨林中。年轻夫妇是阿丽和她的丈夫，他们一脸凝重，内心五味杂陈。把笼子里的红毛猩猩阿费放归丛林，无疑他们是开心的。但是，他们此时也是担心的，雨林是一个复杂的环境，没有他们在身边照顾阿费，不知道阿费能否经受住自然的考验。此时的他们充满了不舍，这个如孩子一般的阿费，他们照顾了两年。如今要分别了，两年的点点滴滴浮现在眼前……

阿丽和丈夫在婆罗洲的动物救助站工作，阿费是他们照顾的第十四个红毛猩猩孤儿。阿费的妈妈被人类杀害了，它所在的森林遭到了人类的砍伐。年幼的阿费被工作站的阿丽捡到，带回救助站抚养。

阿丽像照顾婴儿一样照顾阿费。阿丽每天都会给阿费洗澡，顽皮的阿费居然抓住身上的肥皂沫吃个不停。晚上，阿丽会给阿费穿上纸尿裤，把它抱在怀里睡。阿丽还给阿费讲故事，或者哼催眠曲。而阿费在阿丽的臂弯里睡得特别香。

阿丽和丈夫还用自己学到的知识模拟红毛猩猩生长的不同阶段，对它进行训练。阿丽和丈夫在救助站内用绳子、木棍和轮胎为阿费建立攀爬和学步训练台，阿费就在那里学会了走路和攀爬。

阿丽的丈夫更是宠爱阿费。他可以允许阿费进入自己的厨房，像扫荡一样弄得乒乒乓乓。阿费淘气地把菜板、菜刀、筷子以及挂在墙上的其他东西统统扔到地上，甚至把脑袋伸进阿丽厨房的面布袋里，沾一脸白面粉。阿丽和丈夫一点儿也不会责怪阿费。

任性不坐大巴的阿费，常由阿丽夫妇用摩托车载着去野外训练；阿费生病了，阿丽夫妇像照顾孩子一样彻夜不眠地照顾它。

如今，阿费已经长大了，能够独立了，这就意味着它要回归丛林了。阿丽和丈夫给它做了全面检查，确保万无一失后才送它回森林。

今天，阿丽和丈夫就要和阿费分离了。阿费从笼子里钻出来，阿丽抱着它，摸着它的头说："走吧，孩子。"

阿费恋恋不舍地攀上树藤，时不时回头看看阿丽。阿丽满眼泪水，但脸上依旧堆满笑容……

神奇的种子

花序

蒲公英

种子是种子植物"繁衍后代"的繁殖体，它是胚珠经过传粉受精而成的。多数种子由种皮、胚和胚乳三部分组成，有的种子只有种皮和胚两部分。种子为了完成自己"传宗接代"的神圣使命，想尽各种办法，使出浑身解数，借助各种力量，让自己"飞"到远处去。

小种子大本领

种子大小不一，但是各有各的本领。大种子靠体积取胜，种子内丰富的胚乳为种子发芽提供充足的营养，使种子极易发芽，例如椰子。然而小种子也有大本领，有的小种子虽然没有胚乳或者胚乳不够丰富，但是它们有自己的绝招——靠数量取胜。虽然只有少数种子能够萌芽，但庞大的种子基数仍旧保证它们有大量的后代。

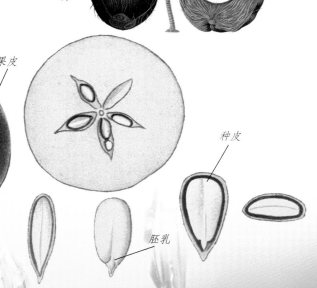

胚乳

种皮

椰子

果皮

种子

果肉

种皮

胚乳

苹果的果实和种子的剖面图

花样种皮

种子的种皮简直是花样百出，尤其是被子植物的种皮，结构多种多样。例如，桃子和杏的种子种皮特别薄，结构也相对简单；玉米、水稻等的种子，果皮与种皮在一起，等种子成熟的时候，种皮紧紧贴在果皮的内层；石榴的种子则被透明的像胶一样的果肉包在里面，虽有种皮，却几乎看不到。

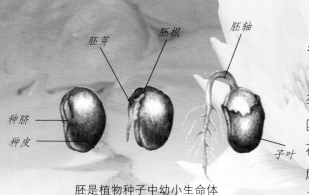

胚芽　胚根　胚轴

种脐

种皮

子叶

胚是植物种子中幼小生命体

孕育之胚

胚是未来，胚是希望。胚由受精卵发育而来，孕育着新生命。胚是由胚芽、胚轴、子叶和胚根四部分组成，它们各有分工。胚是未来新的植物体，在适宜条件下，胚芽长成植物的茎和叶，胚根长成植物的根，胚轴长成连接植物的根和茎的部分，子叶为种子的发育提供营养。

种子寿命

不同种子的寿命不同，从一周到数百年乃至上千年不等。为什么有的种子寿命短，而有的种子寿命就长呢？原来这与遗传特性和种子是否健壮有关。寿命短的种子如巴西橡胶树的种子，仅仅存活一周，而莲的种子则很长寿，动辄数百年，甚至上千年。

古莲子

种子休眠

种子会睡觉吗？当然。只不过种子的睡眠不同于人的睡眠。凡成熟的种子，即使在适宜的环境下也不立即发芽，需等待一段时日之后才能发芽，这就是种子的休眠。种子的休眠时间长短不一，短的仅仅数周，长的则需要数年。

刚发芽的种子，幼根向下伸向泥土，渐渐长成一棵嫩绿的幼苗，去接受阳光的洗礼

种子传播

为了更好地繁衍后代，种子必须到更远的地方去。虽然种子没有"脚"，但是它们凭各自的本领和智慧能够传播到很远的地方，在那里"开枝展叶"。比如，有的种子靠风力传播，有的种子靠鸟类旅行，有的种子靠哺乳动物繁衍，有的种子靠昆虫远足。

蒲公英的种子主要是靠风力传播的

如果种子被带到太空，还会发芽成长吗？

通常情况下，种子在地球的土壤中生根、发芽、开花、结果。如果把种子带到太空中还会发芽成长吗？答案是肯定的，但是这需要攻克一些难题。

尽管卫星发射为种子达到太空提供了"交通工具"，空间站为种子生长提供了"地盘"，但种子若要在太空中扎下根，还必须攻克另一个难题——如何在失重的太空环境中生长。

从理论上说，太空失重的环境，一天24小时的充沛阳光——植物生长的条件比地球上优越得多。科学家们期望，空间站能结晶出红枣一样大小的麦粒，西瓜般大的茄子和辣椒。但最初的实验结果实在糟透了。1975年苏联"礼炮－4"号宇宙飞船上，宇航员播下小麦种子。很快，种子就发芽了，而且仅仅15天，就长到30厘米长，虽然是没有方向目标地散乱生长，但终究是一个可喜现象。可是在这以后，情况越来越不妙，小麦不仅没有抽穗结实，反而枝叶渐渐枯黄。原来，地球上的植物，因为有重力的作用，植物体内的生长激素总是汇集在茎的弯曲部位。而这种生长激素，恰恰是控制植物生长的重要物质，只有当它聚集在适当位置时，才能有效地控制植物的生长方向。一旦植物失重情况就不同了，生长激素无法汇集到茎弯曲部，使幼茎找不到正确的生长方向，只能杂乱无章地向四下伸展，这样要不了多久，植物就会自行死亡。后来科学家们采用了一种电刺激方法，终于解决失重给植物带来的问题。这样使植物真正能够在失重环境下生长了。种子能在太空生根发芽，意义重大。不仅宇航员有可能吃到新鲜的蔬菜瓜果，还可使飞船内有取之不尽的新鲜氧气，为长距离的星际载人飞行创造条件。

蒲公英旅行记

在森林和草原的交界，一场大雨刚刚过去。草原边缘的蒲公英成熟了，蒲公英宝宝即将展开一场神奇的旅行。

一棵蒲公英宝宝率先启程了，白色的独立降落伞带着它出发了。它穿过草原，向着森林的方向飞去。

蒲公英宝宝看到一头从森林里捡滑桃树的果子吃的犀牛迎面跑来，它急匆匆地在草原上排下了一堆便便。滑桃的种子就这样被犀牛带到了草原上，一场雨过后，滑桃树种子就会在犀牛粪便上生根、发芽。嗯，用不了多久，这片草原上就会生长出一棵滑桃树。蒲公英宝宝想着。

"嗷嗷——"一头大象排完便便后，舒服地吼叫着。蒲公英看着大象的粪便，忍不住摇摇头：这头大象大概是把相思树的豆荚吃太多了吧，全是相思树的种子，不过这样也好！省得相思树的种子被甲虫蛆给蚕食了。希望这些种子宝宝在大象粪便中能茁壮成长起来。

蒲公英宝宝继续向前飞着，头顶上传来"呜呜"的声音，原来是乘坐"直升机"的大枫树的种子。大枫树的种子堪称艺术品，量和带它飞翔的翼的长度比例几近完机设计也难以望其项背。大枫树的种度优势，种子起飞点高，飞行距离长，

蒲公英宝宝飞到森林里。森林里只有缝隙里漏下几缕阳光，它不喜欢

正当它要离开时，它身旁的喷瓜开来，种子喷射而出。喷瓜喷出的种子涨满的种子已经不堪任何压力，喷瓜的种子出，直接飞到了水里。蒲公英宝宝被吓了一跳。

种子的重美，连人类的飞子占有得天独厚的高这些是蒲公英不能比的。植物稠密，阳光被大树遮挡，这里阴暗的环境。

突然掉落，似一颗小炸弹爆炸弹在"邻居"凤仙花上，凤仙花引爆了凤仙花。凤仙花种子爆炸而

这时，蒲公英宝宝又被头上的动静所吸引，原来树顶上，一只鸟正在啄食成熟的浆果。鲜红色的浆果，任谁看到都会垂涎欲滴。蒲公英宝宝看着这里一笑，这只鸟也是一个种子的传播者，等它吃饱后，又会把种子带到远方。

蒲公英宝宝飞出了森林，飞呀飞，飞到了一处植被稀疏的土地上。这里才是它的目的地，它要在这里安家落户。这里将变成蒲公英的海洋。

万能的根

根是植物的"灵魂"所在。通常，植物的根有直根系和须根系，偶有不定根和假根。根常常位于地表之下，但功能很强大。它不仅负责吸收土壤里面的水分和溶解其中的无机盐，而且还具有固定植物的作用，更能贮存和合成有机物质。根是真正的"地下英雄"。

上通下达的皮层

皮层是联系根和植物其他部位的"媒人"。皮层最里面有一排紧密排列的细胞，可以调节皮层与维管组织间的物质流动。皮层将根吸收来的水分和溶于水的矿物质输送到维管柱，继而这些营养成分被转运到其他部位。皮层也可以储存叶子向下传送来的物质。

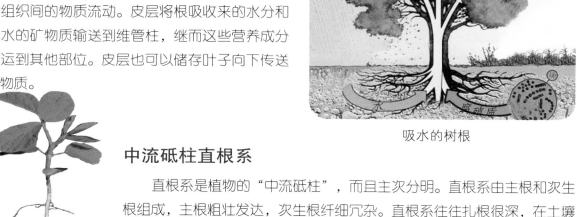

吸水的树根

中流砥柱直根系

直根系是植物的"中流砥柱"，而且主次分明。直根系由主根和次生根组成，主根粗壮发达，次生根纤细冗杂。直根系往往扎根很深，在土壤里伸展范围也比较广阔。大多数的裸子植物都是直根系，比如雪松。除此之外，大豆、番茄、南瓜等都是直根系。

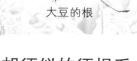

大豆的根

胡须似的须根系

须根系主要由种子根和不定根组成，尤以不定根为主。须根系的得名，源于整个根系呈絮状，好似胡须一样。须根系的种子根由胚根生长形成，在幼苗期负责吸收水分和支撑植物，在不定根形成后就枯竭而死，接下来的时间主要是不定根在起作用。

水稻是单子叶禾本科植物，它属于须根系

水稻的根

叶子上的根

叶子上能长根吗？当然，不仅叶子上能长根，植物的茎上也可以长根。这些根就是植物的不定根。当植物气管受损或者受到病原微生物等外界因素的刺激后，往往容易生出不定根。不定根的生长，给了植物"第二次生命"，对植物而言意义非凡。

柳 树

以假乱真

植物能长出假根吗？答案是肯定的。只不过不像其他的"仿造品"那般真假难辨，假根一眼就能被认出来。真根大多是由胚根发育而来，而假根多数为单细胞结构，看起来很简单。比如，地钱、蕨的原叶体，伞藻和海带等都生假根。

海带

铁线蕨

地 钱

地下英雄

根是真正的"地下英雄"。它们在不见天日的土壤里，孜孜不倦地工作，默默奉献。根不仅能够将植物的地上部分牢牢地固定住，更为整个植物提供能量和"食物"。根能吸收水分和无机盐，合成转化有机化合物，并把这些能量贮藏在薄壁组织中。

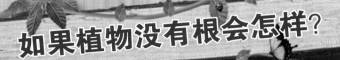

如果植物没有根会怎样？

奇思妙想

我们都知道根是植物的生命线，如果植物没有了根会怎么样？

一种情况是植物因缺少养分而死亡。众所周知，当种子萌发时，胚根发育成幼根突破种皮，沿地面垂直向下生长为主根。当主根生长到一定程度时，从其内部生出许多支根，称侧根。除了主根和侧根外，在茎、叶或老根上生出的根，叫不定根。反复多次分支，形成整个植物的根系。这个根系，对大多数植物而言，是生命，是希望，是存在。

根系被称为植物的"水泵"，它们截获土壤中的水分，为植物提供水分和无机盐；更是通过自己四通八达的"触手"，牢牢抓紧土地，稳稳地固定植物，帮助植物抗击自然界中的狂风暴雨。同时，根系依靠自己的薄壁组织为植物贮存能量，然后通过自己的合成能力将其转化为植物生长的必要能量和物质，之后通过根的维管组织传输到茎和叶等部位。可以说，这些植物没有根，就没有生命。

另一种情况是对植物没有太大影响。植物王国中有一些植物本来就是没有根的，比如苔藓植物、藻类等。就拿苔藓来说，虽然它们也有根的结构，但这只是一个"假根"。因为它只起到了固定的作用，并不会像真正的根一样从土壤中吸收水分养料。还有藻类，它们中的一些本身就生活在水中，身体细胞可以直接从水中或者空气中吸收水分。这些植物即使在生长过程中失去了根，也不会受到太大的影响。

根的轮回竞争

一场风暴把这片森林夷为平地，一棵生长了两百年的橡树被连根拔起。平日里阴郁的森林一下子豁然开朗起来，阳光普照。春天来了，温暖的阳光唤醒了沉睡在泥土中的种子，现在，它们终于有机会在这片土地上扎根了。

为了获得生长空间，柳叶菜和顶花展开竞争。它们争相把根扎得深一些，再深一些，从土壤中汲取营养，因为它们都知道快些长才能获得更多的阳光和养料。最终柳叶菜取得了胜利，赢得了空间。

几年之后，原本是小苗的白桦树生长起来，柳叶菜的根在这片土壤里消失了。白桦树统治了这片森林。然而这并不是最终的胜利，地下生长的幼苗才是真正的赢家。这密密麻麻的树林中，只有具备粗壮根的植物才能成长起来，细小的白桦树的根根本无法在这片土地上深扎，橡树的根遍布这片土地，橡树取代白桦树成为森林的统治者。土地之下，根的竞争暂时告一段落。

然而，地表之上的竞争远没有结束，尤其是有根植物和无根植物的竞争，正在激烈地上演着。

这片土地常年被树木的阴影覆盖，树底下的植物要想获得更多的阳光必须努力向上生长。新生的无根植物以其他植物为梯子，攀爬向上。也有某些哺乳动物或者鸟类将一些种子留在了次生树干或者树枝上，植物便在那里开始生长。

一棵无花果幼苗在树的枝干上悄然生长，它的根随着树干向下生长，有些自由悬垂但仍在生长。终于，它的根垂到地面，并扎进土里。现在有了根的供给，养料和水使得无花果生长迅速。根迅速变粗，缠绕着大树生长。无花果树紧紧缠绕着这棵树攀爬到了顶端。这棵树被遮在了无花果树之下，无法生长。无花果的根吸收了大部分的养料，而供给无花果攀爬的树因营养缺乏会最终死去。失去支撑的无花果又将倒向另一棵大树，攀附着大树而生，如此重复。有的大树禁不住倾斜的无花果树的攀附，树干倒了下去。

倒下去的树干，又生长出新的树苗，它们又会拉开下一轮根的竞争。

多彩的叶子

大自然中的叶子五彩缤纷，形态各异。俗语说"好花还需绿叶配"。事实上，对于植物而言，叶子可不仅仅是一个"配角"。对于植物本身来说，叶子是进行光合作用、制造养料、进行气体交换和水分蒸腾的重要器官。

叶柄　叶片　叶脉

叶子结构图

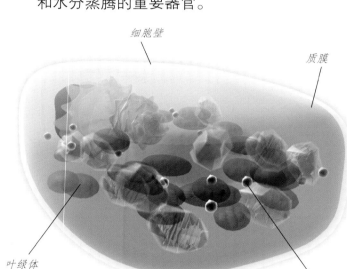

细胞壁　质膜

叶绿体　酶

植物的叶肉细胞

基本组成

从宏观上看，叶子主要由叶片、叶柄、托叶三部分组成。三部分缺一不可，否则即被视为不完全叶。其中叶片当然起主要作用，但叶柄和托叶也不可小觑。叶柄连接叶片和茎，托叶保护叶片。微观上看，叶片由表皮、叶肉、叶脉三个部分组成，三部分各司其职，使植物健康生存。

形态各异

"世界上没有两片一模一样的叶子。"的确如此，植物叶子形态各异。有的呈倒宽卵形，比如玉兰的叶子；有的呈圆形，比如莲叶；有的呈椭圆形，如大叶黄杨；有的呈披针形，如柳叶；有的呈线形，如沿阶草叶。

松树叶　柳叶　莲叶

捕蝇草

千奇百怪

不同种类的植物，受外界环境的影响，很容易发生变态。有的叶片完全退化，而叶柄则扩大为叶片，比如柴胡；有的叶片形成掌状或瓶状，表面有消化液，遇虫则闭合，如捕蝇草或茅膏菜；有的整个叶片变态为棘刺状，如豪猪刺。

五彩缤纷

大自然中，植物的叶子五彩缤纷，绿色、黄色、红色、褐色……植物叶子的颜色主要是由绿色的叶绿素和黄色的类胡萝卜素的比例以及对光的选择性吸收决定的。当叶子中叶绿素含量最多时，叶子往往呈绿色。含类胡萝卜素多时，叶子容易呈红色。

槭树叶子

古人云："一叶而知秋。"大多数的叶子到了秋天都会变黄，而枫树、槭树等树叶到了秋天就会变红。原本绿色的树叶因为叶绿素消失，而胡萝卜素和叶黄素没有消退，所以呈现黄色。

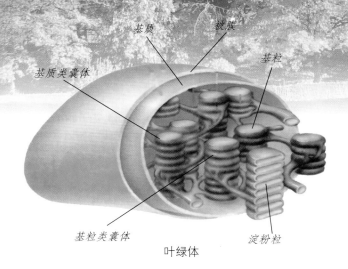

基质　被膜

基粒

基质类囊体

基粒类囊体　　　淀粉粒

叶绿体

能量站

叶绿体是植物进行光合作用的细胞器，被誉为植物的"养料坊"和"能量站"，主要含有叶绿素、胡萝卜素和叶黄素，其中以叶绿素含量最多。叶绿素是叶片进行光合作用的"主力军"，能够将光能转化为化学能，为植物提供养料。

小叶片大作用

树叶虽小，作用却大。对植物本身而言，树叶不可或缺。叶子是植物进行光合作用和蒸腾作用的主要器官，是植物维系生命的重要部分。对于人类而言，叶子的意义更是非同一般：叶子能够净化空气、减少污染，能够减弱噪声；为人类提供食物、饮料、药材，部分植物的叶子具有预报天气和地震的作用。

太阳光

氧气

二氧化碳

叶子进行光合作用示意图

如果植物不落叶会怎样？

奇思妙想

人们也许会为树叶的飘落而惋惜，但落叶恰恰是树木自我保护、准备安全过冬的一种本领。越冬休眠树木自身也需要养分，为了调节自己的体内平衡，唯有脱尽全身的树叶来尽量减少水分的蒸腾、养分的损耗，储蓄能量等到条件适宜再重新萌发。可是有些松树在冬天还穿着一身绿衣服，其实就是它那小小的叶子立下的功劳。这些松树叶子的面积小，水分的消耗也就相应地大大减少。这些松树叶子细胞中的液体浓缩还能抵抗寒冷，所以，这些松树到了冬天就不会落叶。因此落叶的植物一般都为阔叶植物。

生物学家从形态解剖学角度研究发现，落叶跟紧靠叶柄基部的特殊结构——离层有关。在显微镜下可以观察到离层的薄壁细胞比周围的细胞要小，在叶片衰老过程中，离层及其邻近细胞中的果胶酶和纤维素酶活性增加，结果使整个细胞溶解，形成了一个自然的断裂面。但叶柄中的维管束细胞不溶解，因此衰老死亡的叶子还附着在枝条上。不过这些维管束非常纤细，秋风一吹，它便抵挡不住，断了筋骨，整个叶片便摇摇晃晃地坠向地面。另外，落叶还跟树木中含有的脱落酸有很多关系。脱落酸是一种植物激素，一到秋天，树叶中的脱落酸就会慢慢累积起来，累积到一定程度，这种物质会使树叶和树枝的连接部分干枯萎缩，最终使树叶落下来，那时树叶不想离开树枝都不行了。

叶子求生

茂盛的森林上空，乌云集结，一场大雨倾盆而来。雨水顺着树木的枝叶滴落下来，叶脉成了叶子排水的"主管道"，雨滴的重量自然压低了叶子的尖端，雨水顺着中心叶脉流下来。地上一旁的不知名的植物，浑身叶子毛茸茸的，浓密的毛丝保护叶子上的气孔不被这雨水堵塞。

雨停了，此时无声的森林中，百万昆虫正在贪婪地蚕食着雨后鲜嫩的叶子。不时有叶子向外发出危险的信号，大约是它被咬伤后向同伴传递信息，提醒大家保护好自己。听到这些叶子的警告，其他叶子警惕起来。有的叶子竖起了两侧空心的毛刺，有的叶子立起有毒针刺，有的叶子依靠颜色伪装……

一只漂亮的花蝴蝶落在了眼前的西番莲上，它要在西番莲的叶子上产卵。这样，卵孵化出的幼虫一出生便有"饭"吃。它找到了一片隐蔽的叶子，小心翼翼地站在叶子尖端，腹部有节奏地收缩，一颗黄色如米粒大小的卵"驻扎"在西番莲的叶子上了。等到这颗卵孵化，幼虫很快会把这棵西子吃光，因为它的食量实在是太大了。

又有几只蝴蝶飞过来了，想要在张合适的"产床"。但是蝴蝶们看到分布着好多颗"卵"，它们徘徊了一虫成长不利，所以后来的蝴蝶都飞走凭空多了这么多"卵"呢？

原来西番莲为了保护自己，不让蝴进化出了貌似蝴蝶"卵"的黄色颗粒。西番把蝴蝶给骗了。

番莲的叶

西番莲的叶子上找一西番莲的叶子上有规律地会儿就飞走了。卵多了对幼了。但是西番莲叶子上怎么

蝶在它的叶子上产卵，在叶子上莲叶子的"骗术"如此高明，居然

西番莲旁边的这棵含羞草也在进行叶子保卫战。一只食草的草蜢爬上了含羞草，它顺着枝干直奔含羞草的叶子而去，这可是一顿大餐。在草蜢肚子底下的含羞草叶子突然收缩闭合，大餐就这样没了。而且叶柄下垂，草蜢一个没抓牢掉了下去。不甘心的草蜢再次过来，还是失败了。失去耐心的草蜢只好放弃含羞草，到别处觅食去了。含羞草保护住了自己的叶子。

这样的叶子生存战每时每刻都在森林里进行着。

缤纷的花

花是种子植物繁衍后代的重要器官，始于传粉，继而受精，最终形成种子，从而完成使命。为了完成使命，花儿们使出浑身解数，或利用自然的力量，或利用生物的力量，进行传粉受精。也由此产生了五彩缤纷、形态各异的花，才有了百花争艳的美丽植物世界。

香石竹

花的组成

一朵完整的花常常由花萼、花瓣、花托和产生生殖细胞的花蕊组成。花萼是花最外轮的变态叶，主要保护幼花；花瓣是第二轮的变态叶，主要保护雄蕊和雌蕊；雄蕊和雌蕊是繁衍后代的重要器官，多数植物的花，只有一个雌蕊。

花瓣　　雌蕊　雄蕊

花萼

花托

花柄

花的纵面图

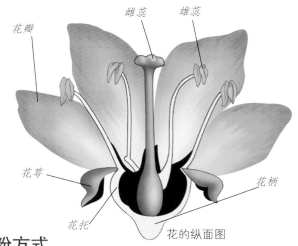

蜜蜂传播花粉

传粉方式

植物的传粉方式有两种：自花传粉和异花传粉。植物成熟的花粉粒传到同一朵花的柱头上，并能正常地受精结实的过程称自花传粉，例如水稻、小麦、棉花和桃等；如果一株植物的花粉传送到另一株植物的花的胚珠或柱头上，称为异花传粉。这是自然界更为普遍的现象。油菜、向日葵、苹果树等是异花传粉的植物。

各显神通

植物无法随意移动，有些种子植物为了受精，只好"绞尽脑汁"，使出浑身解数吸引动物前来"帮忙"。有的花朵为了吸引鸟和蜜蜂等，进化出了斑斓的色彩；有的花朵香味诱人，吸引采蜜者前来；更有甚者，主动迎合"特殊味道癖好"者，比如有些花朵（例如大王花、巨花魔芋、泡泡树等）为了吸引喜食腐肉的昆虫授粉，会散发出类似腐臭的味道。

颜色五彩斑斓，上面有斑点

花朵能够长到直径90厘米

花基座的壳斗是由寄主的木质部发展而来的，形状很像个广口坛子

花朵中央还有一个大蜜槽

大王花花朵巨大，花刚开的时候有一点儿香味，不到几天就臭不可闻

兜兰

马蹄莲

以貌得名

　　有很多花是根据其长相而命名的。比如马蹄莲，因其花梗比叶丛高，花苞硕大，形状宛若一个马蹄，故得名马蹄莲；蝴蝶兰，因其花瓣形态像展翅高飞的蝴蝶，故得名蝴蝶兰；兜兰，花朵形态非常奇特，花唇部位呈现出一个口袋的形状，就像身前装有一个小兜，因而得名兜兰，还有人形象地称其为"拖鞋兰"。

长相奇特的花

　　世界之大，无奇不有。植物界就有许多长相奇特的花。比如，猴面小龙兰，长相酷似猴脸；嘴唇花，因其形状酷似性感诱人的嘴唇而得名；泰国鹦鹉花，长相酷似鹦鹉，极其罕见；澳大利亚飞鸭兰，长相酷似起飞的小鸭子。

嘴唇花

国花市花

　　一个国家常常选用一种或几种花作为自己国家的象征，我们称之为国花；同理，市花亦然。比如，菊花和樱花都是日本的国花，香根鸢尾是法国的国花，郁金香是荷兰的国花；紫荆花是香港特别行政区区花，莲花是澳门特别行政区区花，月季、菊花和玉兰都是北京市市花。

香根鸢尾

飞鸭兰

中国国花——牡丹

樱花

如果花都是黑色的会怎样?

奇思妙想

花里面含有花青素。当花青素和植物中的铜、铁、钴等不同的金属元素结合后，就像经过了调色板调色一样，会使花瓣显示出不同的颜色来。那么这个"小画家"能不能调出黑色呢？答案是否定的。能调出成千上万种颜色的"小画家"，却唯独调不出黑色，所以，我们见不到黑色的花。

你或许要问：不是有黑郁金香、墨菊吗？它们不都是黑色的花吗？其实，这些看似黑颜色的花，都是深紫色的。不过，即便这样，它们也很稀少，也不是经常能被人看见。

万一有一个"小画家"调出了黑色，那么这朵黑色的花会面临什么样的命运呢？很不幸，这朵黑色的花根本不能存活很长时间，因为它很快就会被太阳烤焦。这是因为太阳光是由红、橙、黄、绿、青、蓝、紫等不同颜色的光组成的，这些光波长不一样，含的热量也不一样。我们之所以能看见东西，是因为不同的东西能够反射不同波长的光，而不是因为它能发出什么颜色的光。比如红花之所以是红色的，是因为它的花瓣能够反射太阳光中红色部分的光，所以我们就会觉得它是红色，同样的，黄花反射的是黄光，蓝花反射的是蓝光。不过，由于红光和黄光中含热量比较多，所以大部分花儿都是红色和黄色的，这样就能够避免被过多的热量烧坏。那么白花呢？白花能反射白光，看起来就是白色的。那么黑色的花呢？可怜的黑花什么颜色的光都不能反射，所以七种颜色都一点不落地照射在它的花瓣上，带来的热量也最多，足以把黑色花烧得奄奄一息了。

花儿王国 "骗子" 多

地中海沿岸的草丛中，角蜂眉兰随风摇曳着自己"曼妙的身姿"，角蜂眉兰用蓝色来吸引雄胡蜂的注意，圆滚滚、毛茸茸的唇瓣远远看上去好像雌胡蜂丰满性感的腹部。如果这些还不足以引起胡蜂的兴趣，那么角蜂眉兰还有它的杀手锏——角蜂眉兰能够释放跟雌胡蜂一样的气味。这独门"绝招"让多少雄胡蜂无力招架。

这不，一只雄胡蜂被吸引过来了。雄胡蜂落在角蜂眉兰的花瓣上，左右摆动自己的腹部。大概这只性急的雄胡蜂迫不及待地要和这只"雌胡蜂"交配了。可是，摸索了半天，似乎无从下手。这时，雄胡蜂也察觉到了什么，拍拍翅膀离开了。可是此时的雄胡蜂下半身已经粘满了花粉，等它再次上当受骗的时候，就会把花粉运输到别处，实现传粉。

这次角蜂眉兰还没有结束自己的"魅惑陷阱"。它释放着令雄胡蜂无法抗拒的气味，静候"意中人"的到来。

果然，又一只雄胡蜂飞来了，寻着"雌胡蜂"的味道准确找到草丛中的这枝角蜂眉兰。还没等它站稳，另一只更大的雄胡蜂也闻香而来。这家伙一来，不分青红皂白，就和这只先到的雄胡蜂打起来。大的雄胡蜂要为自己的"爱情"而战。两只雄胡蜂为了一只"雌胡蜂"展开决斗。打斗很是激烈，两只雄胡蜂为了赢得最终的"交配"权，都使尽浑身力气要打败对手。可惜，它们越打越激烈，越打越远，只剩下角蜂眉兰悻悻地站在那里。哎，"魅力"太大也不好，角蜂眉兰什么也没捞着，这就是所谓的"过犹不及"吧。

其实，花儿王国里的"骗子"可不止角蜂眉兰一个。有的明明可以靠"本事"吃饭，却要用样子来行骗，比如眼镜蛇瓶子草，它可以用蜜腺引诱昆虫，然后用机关困住它们，最后靠消化液把昆虫"吃"掉；有的明明可以靠"颜值"来吸引昆虫或者其他动物传粉，却非要要"行骗"的手段，比如泰坦魔芋，3米高的花朵模拟死去动物尸体腐烂的味道，来吸引食腐性昆虫来为它传粉；有的既没有"颜值"又没有"本事"的植物，只要保命，装成什么都无所谓，比如生石花，常常变成丑陋的石头，以此躲过被吃掉的危险。

北美洲的道格拉斯冷杉树冠呈尖塔形

裸子植物

裸子植物被称为"植物界的活化石"。裸子植物是地球上最早用种子进行有性繁殖的植物，是原始的种子植物。它们的种子外面没有果皮包裹，因此而得名。裸子植物分布范围较广，在北半球中，大的森林中80%的植物是裸子植物，落叶松、冷杉、云杉等都是其代表。

名称来源

裸子植物是种子植物中比较低级的一类。裸子植物的胚珠外面没有子房壁包裹，因而没有果皮，所以种子裸露在外。裸子植物的英文名字来自希腊语，而希腊语的本意即为"裸露的种子"。

裸子植物

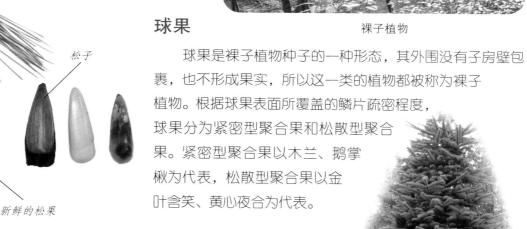

松子

新鲜的松果

球果

球果是裸子植物种子的一种形态，其外围没有子房壁包裹，也不形成果实，所以这一类的植物都被称为裸子植物。根据球果表面所覆盖的鳞片疏密程度，球果分为紧密型聚合果和松散型聚合果。紧密型聚合果以木兰、鹅掌楸为代表，松散型聚合果以金叶含笑、黄心夜合为代表。

银杉

植物熊猫

银杉是中国特有的树木，被称为"植物熊猫"。它历经冰川时期繁衍至今，是非常珍贵的树种。银杉的生长需要足够的阳光，但因其生长速度慢而容易被其他树木遮住阳光，所以银杉数量相对较少，弥足珍贵，为国家一级保护植物。

植物篇 植物大家族
ZHIWU PIAN ZHIWU DAJIAZU

百科空间

亚洲树王

红桧树素有"亚洲树王"之称，主要生活在海拔一千多米至两千米的山地，为台湾特有树木。红桧树一直被视为"神树"，这是因为红桧树不仅树形高大，更是一种长寿树，动辄数千年。红桧树现为二级保护植物。

红桧树

"世界爷"

红杉，又称海岸红杉、常青红杉、加利福尼亚红杉，是世界上最高大的树种，寿命非常长，有"世界爷"之称。红杉的树皮很厚，而且具有强大的保护功能。红杉的树皮能散发出一种香气来驱散白蚁，保护树皮不被蛀蚀。

红杉

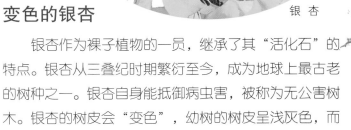

银杏

变色的银杏

银杏作为裸子植物的一员，继承了其"活化石"的特点。银杏从三叠纪时期繁衍至今，成为地球上最古老的树种之一。银杏自身能抵御病虫害，被称为无公害树木。银杏的树皮会"变色"，幼树的树皮呈浅灰色，而长成大树后，树皮则变为灰褐色。

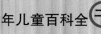

如果冬天不给松树裹稻草会怎么样？

奇思妙想

松树是一种适应性非常强的植物，它们能在各种土壤上生存。松树的叶子是典型的针形，短小而坚韧。很多种松树就算在寒冷的冬天也不会掉叶子。除了个别的松树——例如热带地区的南亚松对热量有比较高的要求外，其他的大多数松树都比较耐寒。

可是到了寒冬，北方公园里的松树的部分树干都被裹上了厚厚的一层稻草，好像一个个都被穿上了"厚棉裤"，臃肿而笨拙。既然松树不怕冷，那为什么还要给松树裹上厚厚的稻草呢？如果不给松树裹上厚厚的稻草又会怎么样呢？

原来人们给松树的部分树干裹上稻草，是为了给松树除虫。从外表上看，松树的确挺拔健康，但是事实上松树上却暗藏着各种各样的害虫，威胁着松树的健康成长，尤其是一种叫松毛虫的害虫。松毛虫会在夏天的时候把卵产在松叶上，一只雌虫就可以产下几百枚卵。等这些卵孵化出来，它们就会疯狂蚕食松叶，能让松树在很短时间内就"面容枯黄"，甚至"生命垂危"。

经过人们的细心观察，人们发现了松毛虫的一个生活规律：松毛虫在暖和的季节，主要在松枝上活动，但是到了冬天，它们就会藏到暖和的地方，来度过这个寒冷的冬天。

于是，人们想到了"请君入瓮，瓮中捉鳖"这一招。到了冬天，人们就在松树的部分树干上绑上厚厚的稻草，引诱松毛虫钻进稻草中。等到春天即将来临，松毛虫还没有开始行动前，把稻草从松树上取下来，一把火烧掉。这样，危害松树的害虫就被"一锅端"了。如果冬天不给松树裹稻草，就很难将松树上的害虫"绳之以法"，松树的健康也很难得到保障。

与"菌"共生

真菌在森林里很孤独，它们因为特殊的外貌而遭受歧视，大家都不愿意接受它们，更没有谁愿意跟它们做朋友。

孤独的真菌真的希望找到一个朋友，然后将自己的真心交付于它，可惜这个愿望一直没有实现，直到真菌遇到了云杉。云杉从不"以貌取人"，它和真菌一见如故。

遇到云杉之前，真菌把自己藏身于土壤中或者发霉的动植物组织里，制造消化液，吸收消化的东西产生营养，然后伸出更多的丝，好搜寻其他腐烂组织。捕捉活的生物来获得氮，在动植物尸体上生长，真菌所做的这一切都是为了将来为朋友"厚积薄发"。

云杉被真菌这种精神感动，决定要和真菌做朋友，用自己伟岸的身躯为真菌遮风挡雨。憨厚的真菌自然不会这么自私，只为自己找庇护所，它们在索取之前必定要奉献。何况，云杉不嫌弃自己，对自己有"知遇之恩"，真菌恨不能"以身相许"。

真菌的细丝密密麻麻地缠绕在云杉的根部，帮助云杉的根吸收更多的水分和矿物质。这一吸就是几十年，真菌伴随着云杉的树苗一起成长，不离不弃。

云杉"中年"时，更需要营养和水分。云杉汲取水分和营养，这些水分和营养顶端的叶子，借助阳光和二氧化碳制营养。

真菌就竭尽所能帮从云杉的根经树干流向作食物。云杉得到充足的

年迈的云杉受伤了，真菌帮助云杉"侵入"，形成细丝状的网络，消化树病变的树心被消化干净，云杉就变成了杉依旧可以长得很好，这是因为真菌只食树真菌是不会吸食的。

"疗伤"。真菌从树皮的伤口的内部被严重"侵蚀"的部分，空心树。虽然树干中空，但是云干坏掉的部分，活着的有益部分，

云杉改变了的结构反倒成就了云杉"无坚不摧"的品性。当大风暴来临，许多"年轻力壮"的树都被连根拔起，云杉中空的树干有较强的力量抵御外力的冲击，反倒帮助年迈的云杉度过了此劫。

云杉也懂得"知恩图报"。等到真菌需要繁衍下一代的时候，云杉将自己所制造的部分糖分经由树干传回到地面反馈给真菌，使得真菌在两三天之内就可以长出地面，快速繁衍下一代。

它们就这样生生世世在一起，相濡以沫，不离不弃。

花生于枝顶，族生，花径在15厘米左右

芍药

被子植物

与裸子植物不同，被子植物的种子是被果皮包裹着的。而且，被子植物能开出真正的花，这些花是被子植物繁衍后代的重要器官。因此，被子植物被看作结构完善的高级植物。被子植物数量多，分布广。全球有20多万种被子植物，是植物界的"半边天"。它们具有很好的适应性，是大自然中的"佼佼者"。

最早的被子植物

世界上最早的被子植物沉睡了1.64亿年后，在中国内蒙古宁城道虎沟被发现。这是一颗侏罗纪时期的植物化石，虽然这是一棵不到4厘米高的草本植物，但是根、茎、叶却保存完好。中国的这一发现，震惊了世界，在植物研究史上具有重要意义。

侏罗纪草化石

侏罗纪草复原图

世界上最早的被子植物

单子叶与双子叶

人们根据种子子叶的数目而将被子植物分为单子叶植物和双子叶植物。种子具有一片子叶的植物为单子叶植物，种子具有两片子叶的植物为双子叶植物。玉米、小麦、水稻等都是单子叶植物；菜豆、花生、蚕豆、大豆等都是双子叶植物。

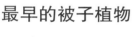

双子叶植物——花生

单子叶植物——玉米

世界第一朵花

最早的被子植物在中国

辽宁古果是迄今为止发现的世界上最早的被子植物，它们生活在中生代时期的我国的辽宁西部，距今1亿4500万年。辽宁古果化石保存完好，植物形态清晰可见。辽宁古果化石的发现比以往发现的被子植物早了1500万年。

辽宁古果化石

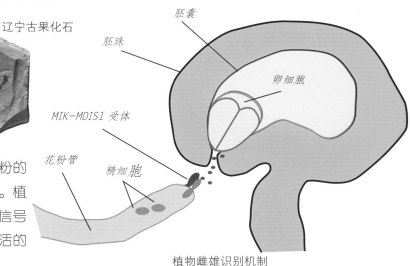
植物雌雄识别机制

植物雌雄识别机制

植物是如何识别同类花粉而拒绝异类花粉的呢？中国科学院揭开了这一植物生殖的谜团。植物科学家首次分离到了花粉管识别雌性吸引信号的受体蛋白复合体，并揭示了信号识别和激活的分子机制。这对杂交领域研究有着重大意义。

餐桌上的被子植物

被子植物与人类生活的关系尤为密切，粮食中的玉米，蔬菜中萝卜、白菜、土豆、冬瓜、番茄、辣椒、南瓜、黄瓜，水果中的苹果、橘子、香蕉、板栗、樱桃等，中药中的连翘等，都是被子植物。没有了被子植物，人类几乎无法存活。

板栗

番茄

樱桃

如果莲藕没有长那么多孔会怎样?

More

奇思妙想

莲藕藏身于淤泥里。人们通常认为莲藕就是荷花的根,其实,荷花真正的根是莲藕关节处的长须,而莲藕只是荷花的地下茎。那么莲藕和它身体里的孔对于荷花的生长来说,有什么特殊的作用呢?如果莲藕没长那么多孔会怎么样呢?

植物为了适应周围的环境,它们的大小、形状、结构等都处在不断的进化中,莲藕和它的孔也是荷花为了适应水中的生存环境而进化成的。作为荷花的地下茎,莲藕生活在水底的淤泥中,它的首要任务就是储存养分。生活在水底的莲藕,是很难获得空气的,因为淤泥里的空气少之又少,所以莲藕就让自己的身体里形成了很多个空腔,也就是我们切开莲藕时所看到的一个个小孔。这些空腔和水面上叶柄的气孔相连接,荷花的叶柄也是空心的,水上部分吸入的空气可以通过叶柄运送给水底的莲藕。莲藕体内的气孔,就可以将这些空气储存,并且将其传给根部,保证根部的正常生长。可见这些小孔是莲藕的空气通道。在荷花的生长过程中,如果将荷叶折断,或者把莲藕的气孔堵上,荷花根部就会因为缺少了空气的补给而坏死,荷花不久就会枯萎。

空间大战

森林里，高大的树木使劲向上生长，贪婪地吸收着阳光，地面被它们霸道的阴影笼罩，只在稀疏的枝叶或树缝处漏下几缕阳光。然而，这几缕阳光滋养了一种生物——草，草直接威胁着森林树木的生存。树木和草之间为了争夺空间而展开了大战，它们之间的战争已经持续了几千万年。它们之间的"恩怨情仇"要追溯到草刚刚现身的时候。

草刚诞生的时候，靠着森林里零星的阳光生存。好不容易长起来一点，就会被食草动物吃掉了。这样的环境，草是永远长不起来的，不能与占统治地位的森林比肩，更别提争夺空间了。

然而，历史就是这么富有戏剧性，草的机会来了。

5000万年前，地球上火山喷发，大陆分离了，高山出现。3000万年前，因为山体的不断攀升，石灰岩吸收了大量的二氧化碳，植物赖以生存的二氧化碳量越来越少。大气层的骤变，给植物生存带来了危机。

为了适应改变的气候，草叶进化出了类似涡旋增压器一样的细胞——维管束，这样可以促进草叶更多地吸收二氧化碳，更快地进行光合作用，从而生长得更快。尽管空气中二氧化碳只有之前的1/6，但是草却比其他植物更有优势。

当时森林依旧统治着世界，世界上到处都是高大的树木，但是弱势的草却使用了毁灭性的新武器。

800万年前，气候和现在完全不同。地球被笼罩在酷热干燥的气候下，动物和高大的植物都干渴难耐。但是，这却是草等待已久的机会。

干枯的草极易燃烧，只要零星之火就可以燎原。一个闪电，点燃了整个森林。大部分树木和动物都被烧死了，但是草却重生了。

这是草赢得的一场漂亮翻身仗。被烧之后，地下的草根安然无恙。一段时间之后，新的草芽破土而出。草统治了大片土地。

也许这对于草来说，还没有取得完全的胜利。虽然战胜了树木，但是还有食草动物威胁着它们。于是，它们又进化出了一样新武器——草边长出锯齿状的小刺，用来保护自己。所以600万年前，草的繁盛导致了许多动物的灭亡。

道高一尺魔高一丈。草进化出了小刺保护自己，但是新的食草动物诞生了。

草在与树木、动物争夺生存空间的战争过程中，也改变了世界。

藻类、蕨类和其他

藻类植物是一种比较简单的植物，它们主要依靠光合作用产生能量。大多数的藻类植物都生活在水中。虽然藻类植物没有高等植物的根、茎、叶等，但是其与高等植物有密切关系。蕨类植物是高等植物中比较低级的植物，不依靠种子繁殖，而是通过孢子进行繁衍的。食用菌类是真核生物，不像植物那样可以进行光合作用，自行生产养料。

长毛砂藓

多彩的藻类

藻类体内除了含有叶绿素、类胡萝卜素和叶黄素外，它们的细胞内还含有诸如藻蓝素、藻红素和藻褐素等其他色素，因而藻类会呈现绿色、黄色、蓝色、红色和褐色等，藻类也因此划分为蓝藻门、红藻门、绿藻门、黄藻门和褐藻门。

蓝藻显微图

实用的蕨类

蕨类植物虽然是高等植物中比较低等的一种，可是它们很实用，尤其是在药用方面。比如，松叶蕨，一种原始的多年生陆生草本植物，对于活血化瘀、祛风除湿有很好的疗效；石松，通经活络、消肿止痛的名贵中药材；木贼，明目、散热、止血的良药。

蕨类植物

亲切的食用菌类

食用菌类与人类的生活，尤其是饮食生活有着密切的联系。它们或是人类不可多得的"灵丹妙药"，比如灵芝、马勃菌；或是人类餐桌上或珍惜或大众的菜品，如金针菇、茶树菇、平菇、香菇、杨树菇、黄金菇、长根菇和白灵菇等。

平菇的生长对湿度要求较高

平菇

香菇中部往往有深色鳞片，边缘常有污白色毛状或絮状物

香菇

榆树、杨树、槐树等阔叶树腐
木上经常可以见到木耳的身影

黑色瑰宝

黑木耳作为珍贵的食用菌，可以食用，可以药用，是不可多得的山珍。黑木耳味道鲜美，久食不腻，被中国老百姓奉为"餐桌宝"。黑木耳有"素中之荤"的美称，也被誉为"中餐中的黑色瑰宝"。

木 耳

独特地衣

地衣是藻类植物和真菌建立共生关系后形成的一种新的独特的植物。地衣主要包括壳状地衣和叶状地衣。壳状地衣菌丝长到了基质内部，不太容易与基质分离；而叶状地衣则比较疏松，很容易与基质分离。

叶状地衣

泥炭藓可以作为肥料

苔藓植物

苔藓植物身材非常"娇小"，身高通常不会超过5厘米，只有极少数品种能够达到30厘米。虽然苔藓植物个头上比较"袖珍"，但是它们的分布范围极其广泛，几乎在世界各地都有它们的踪迹。苔藓植物生命力极强，而且对人类有着很高的经济价值。

如果误食了有毒菌类会怎样？

奇思妙想

　　菌类与人类的生活密切相关，尤其在人类的饮食中，占有一席之地。可是，由于食用菌类和有毒菌类宏观特征并没有明显的区别，人们误食有毒菌类的事件常有发生。根据误食有毒菌类之后的症状，菌类中毒有胃肠炎型、神经精神型、溶血型、肝脏损害型、呼吸与循环衰竭型和光过敏型六种类型的表现。

　　最为常见的菌类中毒类型是胃肠炎型中毒。中毒者常在误食有毒菌类后 10 分钟到 6 小时发病，常伴有恶心、呕吐、腹痛、腹泻、头痛和乏力等症状。但严重的中毒者也可出现吐血、脱水、昏迷等症状。胃肠炎型中毒常常发作比较快，但是持续时间比较短，鲜有死亡。

　　神经精神型毒菌中毒，常常伴有大汗、发热、流泪、发冷、呼吸急促、视力减弱等症状，严重者也可出现抽搐、昏迷等症状。这类中毒常常由有致幻作用的毒菌引起，因而中毒者常常出现神经兴奋或者精神抑郁等症状。有的中毒者表现极度愉快，有的中毒者则喜怒无常，数小时后之后方可恢复正常。

　　溶血型中毒潜伏期比较长，常在中毒 6~12 小时发作。溶血型中毒患者，因毒素破坏红血球而出现溶血症状。

　　肝脏损害型是毒菌中毒死亡的主要类型，白毒伞是主要的"罪魁祸首"。白毒伞的毒素对人的肝、肾、血管内壁等组织造成极重损伤，最终致使中毒者身亡。

　　一旦出现中毒症状，中毒者可以采取物理催吐或者药物催吐的方法将部分毒素排出体内。中毒严重者需到医院洗胃，还要采取灌肠、输液和利尿等措施。

美丽的忧伤

听！哪里传来的哭泣声？

寻觅，寻觅……原来这忧伤的悲泣声来自山脚下的一片竹林。因高温潮湿的缘故，竹林里云雾氤氲，颇有几分仙境的味道。然而这么美丽的地方，也依然有让人悲伤的事情发生。

一棵小蘑菇在哭泣，确切来说，它应该算是一颗竹荪，只是少了竹荪引以为傲的标志性的"裙子"。这颗小蘑菇正在因此事伤心呢。

"可怜的小竹荪，我劝你省省力气别哭了，即使你把眼泪哭干也长不出新'裙子'了。"小竹笋附近的一颗竹荪冷漠地嘲讽道。这颗冷漠的竹荪长得可真"标致"：它有一头浓密的秀发(深绿色的菌帽)，雪白圆润的身体(圆柱状的菌柄)，最惹眼的还是它漂亮的一袭长裙——细致洁白的网状裙从菌柄顶端向下铺展开来。竹荪历来被人类称为"雪裙仙子""菌中皇后"，这颗冷漠的竹荪可以称得上是"仙子中的仙子""皇后之中的皇后"。正是因为它无可挑剔的外形，它才变得如此傲慢无礼。

小蘑菇听到这些话，哭得更伤心了。

"你可别说你是竹荪，我可不想跟你一类。"冷漠的竹荪越发地尖酸刻薄起来。

"这样说话太过分了！"一旁的一颗年长的竹荪实在听不下去了，挺身而出，为小竹荪打抱不平。"小竹荪，别伤心了，没有裙子一样可以活得很好。"老竹荪安慰小竹荪道。

"哼，自欺欺人。"一旁冷漠的美丽竹荪不屑地瞥了一眼老竹荪和小竹荪，冷笑道。

老竹荪刚想说些什么，忽然有两个人走了过来。

"大哥，这片林子的竹荪真不少呀，你看这边还有好多呢。"一个年轻人径直朝这边走来，边走边喊他身后的哥哥过来。

"是啊，正是因为竹荪太多，竹林茂密，许多竹荪因为氧气不足或者腐殖质营养不足出现了畸形。你看，这颗小竹荪就是。"哥哥指着没有裙子的小竹荪讲解道。

"是啊，可怜的小竹荪。"年轻的弟弟居然对小竹荪报以同情。

"你看，这颗竹荪多漂亮，我们把它采回去，把它做成菜肯定好吃！"美丽的竹荪就这样结束了自己的生命。

一旁看着的小竹荪忽然觉得年长竹荪说的没错："没有裙子一样可以活得很好！"

奇异植物

大千世界，无奇不有。植物界自然也是这样。各类植物不仅形态各异，颜色不同，而且生长方式和繁衍方式也迥然不同。为了生存，它们各显神通。有的植物"吃肉"，有的植物居然是"胎生"，有的植物流血流汗，有的植物天生剧毒……它们用各自奇特的方式存活，并丰富植物界的内涵。

红树

"胎生"红树

对于大多数植物而言，它们的种子一旦成熟，就离开母体，独立发芽，直到长成成熟的个体。但是令人惊讶的是，红树居然是"胎生"。红树的果实成熟后，种子直接在母树的枝条上发芽，然后长成幼苗。之后脱离母体落在海滩上，独立生长。它们巩固着岸边的泥沙，被人们亲切地称为"海岸卫士"。

胎生苗由种子在母体上发育而来

红树的种子

叶子的表层有一层蜡质，这样既可以防止水分过度蒸发，也能抵制浓度过高的海水渗透到其内部去

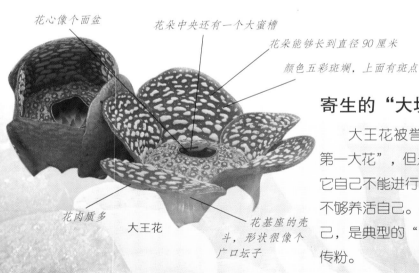

花心像个面盆

花朵中央还有一个大蜜槽

花朵能够长到直径 90 厘米

颜色五彩斑斓，上面有斑点

花肉质多

大王花

花基座的壳头，形状很像个广口坛子

寄生的"大块头"

大王花被誉为"世界第一大花"，但是大王花虽大，却不能自力更生、自食其力。它自己不能进行光合作用，自身制造的养料微不足道，远远不够养活自己。于是，它从其他植物那里吸取养料来养活自己，是典型的"寄生植物"。它靠释放腐烂臭味来吸引昆虫传粉。

"吃肉"植物

在植物界，有这样一群植物：它们的营养不是靠从地下汲取或者通过光合作用取得，它们主要靠"吃肉"来获取生长所需的营养。这些植物我们称之为"吃肉"植物。它们靠分泌的消化液粘住昆虫，等昆虫腐烂后慢慢消化掉。这类植物有猪笼草、毛毡草、捕蝇草等。

猪笼草真正的叶子，是叶柄末端形成的瓶状捕虫器

猪笼草看似叶子的部分事实上是叶柄

茎

猪笼草的叶柄有时候还会覆上一层绒毛

猪笼草

蝎子草

叶茎长满
有毒的硬刺

有毒植物

　　植物界中，一些植物靠自身的毒性来保护自己。它们或是在茎和叶子上进化出尖锐的有毒的硬毛，如蝎子草；或是整株都有毒，比如曼陀罗和夹竹桃；或是含有剧毒，只要沾上一点点就能让人毙命，比如乌头、箭毒木。

白色曼陀罗

夹竹桃

乌木

流血植物

　　有一类植物受伤后，伤口会流出红色的汁液，很像人类的血液，因此人们称之为"流血的植物"。这些植物大多生活在热带丛林。血一样的浆汁成分非常复杂，但经济价值和药用价值极高。比如鸡血树、红光树、小血藤、龙血树等。

龙血树

长面包的树

　　猴面包树，学名波巴布树，也叫猢狲木。猴面包树是地球上十分古老的树种，主要生长在非洲、马达加斯加岛和北美，以马达加斯加岛猴面包树为最佳。猴面包树的果实呈椭球形，酷似面包，肉质肥厚，汁水酸甜，是猴子、猩猩和狒狒们的最爱，当地人也拿它来充饥。

猴面包树的直径可达
15米以上，需要40个成
年人手拉手才能抱住

猴面包树
的果实

猴面包树

如果碰上箭毒木会怎样？

奇思妙想

提到断肠散、鹤顶红和七步倒，没有谁不闻风丧胆。但是，倘若与今天我们的主角比起来，简直是"小巫见大巫"。我们眼下要探讨的这种植物堪称"毒中之王"，它就是箭毒木，也称"见血封喉"。

箭毒木生活在云南西双版纳和海南海康。走在西双版纳的热带雨林里，你需要时刻保持警惕。一不小心碰上箭毒木，可是致命的事情。真的有这么厉害吗？箭毒木为何能做到"见血封喉"呢？

箭毒木，看似是一种长得枝繁叶茂的普通大树，但实际上却是一个厉害的"角儿"，它在"毒"史上向来以"狠"出名。西双版纳民间有一说法，叫作"七上八下九倒地"，意思就是说，如果谁中了箭毒木的毒，那么往高处只能走七步，往低处只能走八步，但无论如何，走到第九步，都会倒地毙命。

箭毒木乳白色的汁液里含有剧毒，人或畜的伤口一旦接触到箭毒木乳白色汁液，即会立刻中毒。中毒的人或畜会出现心脏麻痹、心跳减缓、肌肉松弛、血管封闭、血液凝固的现象。中毒后 20 分钟至 2 小时内因窒息而死亡。

以前箭毒木用于狩猎或者战争。人们将箭毒木的剧毒汁液涂在箭头上，一旦人或者畜被射中，就很难生还。而且被杀死的畜，其肉没有毒，仍可食用。现在广州花巨资移植并保护该树，使该物种能够得以繁衍。

在劫难逃

夏季，湿地附近的草原上一片生机。郁郁葱葱的草地上，稀疏地长着几棵分散开来的树，给整个草原增添了几分情趣。树和草形成了和谐的画面，然而，这和谐的画面背后暗藏杀机。

一只出生不久的小苍蝇飞舞在这片草原上，它被草丛间浓郁的花蜜的香味吸引。它寻着香味飞行，飞着飞着居然飞到了一只大苍蝇的身后，想必这只大苍蝇也是被这花蜜的香味吸引来的。长辈面前，小苍蝇哪儿敢造次，只能老老实实地跟在"前辈"后面飞行。香味越来愈浓，啊，在这里。小苍蝇刚刚发现，大苍蝇已经捷足先登。姜还是老的辣！小苍蝇只好再次跟在大苍蝇后面。

没见过什么世面的小苍蝇，好奇心真的很重。它完全可以脱离大苍蝇，到别处去觅得美食。可是这只倔强的小苍蝇非得一探究竟。原来是一棵捕蝇草，可是苍蝇们并不知道啊，这是专门为它们设计的陷阱。

大苍蝇迫不及待地停在了捕蝇草上面，初来乍到，大苍蝇也不敢掉以轻心，只在叶子边缘小心翼翼地吸食"花蜜"。可是，"花蜜"真的好甜，大苍蝇吃得很开心，也很"忘我"，不知不觉慢慢向着这"手掌"似的叶子中间走去。

小苍蝇看大苍蝇吃得这么美，也经不住诱惑，慢慢停靠在捕蝇草叶子的外缘，蹑手蹑脚地品尝着大苍蝇留下的"残羹冷炙"。小苍蝇吃得也"忘我"起来。

大苍蝇在捕蝇草叶子中心来回觅食，捕蝇草一点儿反应都没有。莫不是这棵捕蝇草"睡着"了？或者这棵捕蝇草"死了"？不对，死了的捕蝇草蜜腺怎么还会分泌甜液呢？死了的捕蝇草怎么会布置陷阱呢？

原来，大苍蝇虽然在捕蝇草叶子中央，但是它走动的时候并没有碰到捕蝇草陷阱的机关——叶子中央的那三根刺。只要碰到那三根刺，捕蝇草立马会启动机关，关住苍蝇。

大苍蝇越吃越开心，几近有些得意忘形。得意忘形容易闯祸啊！大苍蝇只顾吃自己的"甜品"，不小心碰到了捕蝇草的机关，捕蝇草立马合住了双叶，大苍蝇连带小苍蝇一起被关在了里面。

可惜小苍蝇做了大苍蝇的陪葬，它今天真的不应该跟在大苍蝇身后啊！

人类与植物

目前地球上存在 35 万种植物，它们是自然界中数量最多、分布最广的生物。植物和人类共存于地球，自然与人类有着密不可分的关系。人类应该善待植物，没有植物就没有人类。

天然氧吧

温度、湿度和光是植物生存的基本条件。绿色植物利用水、无机盐和二氧化碳等物质，借助光能，进行光合作用，产生葡萄糖等有机物供植物生存；同时释放大量氧气。它们为人类的生存提供了必要条件。没有植物，人类无法存活。

新鲜的空气会使人的心情愉悦起来

衣食父母

小麦的种子是人类的主要粮食

植物是人类的衣食父母。我们穿衣用的棉、麻、丝等物质直接或者间接来自植物；我们食用的粮食、蔬菜和水果，无一不是来自植物。即使我们吃的肉、奶、蛋，也和植物有间接关系。虽然这些东西来自动物，但没有植物就没有动物，植物的贡献不言而喻。

豌豆种子可为人体提供蛋白质、维生素等多种营养成分

水果是人类生活中不可或缺的食物

人参是常见药材，用于愈后恢复、增强体力、降低血糖和控制血压等

家庭医生

许多植物，如人参、灵芝等都是珍贵的药材，在治疗人类疾病方面有特殊的疗效；而有些植物虽不是药材，但是也可以作为医疗用品，例如医用脱脂棉、纱布、绷带等都来自植物。随着医药学的发展，越来越多的植物将被应用到医疗事业中。

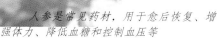

空气清新器

植物不仅能吸收空气中的二氧化碳，释放氧气，还能吸附空气中漂浮的灰尘，有的植物甚至能分泌出杀菌的物质。城市绿化带，不仅绿化了城市，更吸附灰尘，净化了空气。在沙尘暴和雾霾的大气环境下，植物还能有效减缓或降低沙尘暴和雾霾带来的灾害。

城市绿化带

气候调节器

成片的树木聚集成森林，树根联合土壤，吸纳更多的雨水，不仅能够涵养水源、保持水土，还能局部调节气候。洪水常常给人类带来灾难，而森林却能降低洪水对人类的伤害。

植物的根将泥土牢牢抓住，能有效防止水土流失

大片森林被人类砍伐毁坏，导致自然环境严重恶化

保护植物

由于人类的乱砍滥伐，造成植被破坏，甚至土壤出现了荒漠化。破坏了植物赖以生存的环境，植物生长势必受到影响，人类也会跟着受牵连。保护植物就是保护我们人类自己，我们应该善待植物。

如果植物像人类一样思考会怎样？

奇思妙想

人 能思考是因为有聪明的大脑和一套复杂的感知系统。植物如果像人类一样思考的话，首先植物也要有像人类一样的大脑，那么它们的大脑会在哪里呢？是不是和根部一起埋藏在地下了？那么，它是怎么感知地面上的情况呢？就算它有大脑，能够思考问题，但是思考的结果它又怎么实施呢？当然许多人认为植物没有大脑。

科学家们在研究中发现：植物能够为自己的生长制订出计划，于是，科学家们开始研究植物"大脑"的问题。

寄生植物菟丝子，会通过自己的"大脑"来选择自己的寄主。科学家们做过这样的实验：他们把菟丝子移植到营养状况不同的树上，经过一段时间的观察发现，菟丝子在营养状况较好的大树上，会紧密地缠绕着生长；而营养状况不好的大树，却被菟丝子"拒绝"了。看来，这种小小的寄生植物还挺聪明。

植物不仅可以独立思考，同类之间似乎也存在着某种交流，金合欢树就是一个例子。当一株金合欢树遭到动物啃食的时候，它就会释放出一种气味，生活在周围的同类都可以感知到。最后，当这种动物再度光临此地的时候，金合欢树就能够一起释放单宁酸了。

关于植物运用"大脑"思考的说法，科学家们还处在研究中，没有定论。不过，植物对外界环境存在一定的感知却是显而易见的。

妙计天成

"你听，它们在喝水，我们抢不过他们的。"1.2万年前的野生麦地里，一根小麦绝望地说。

"咱们没有它们根深，也没有它们叶茂啊。你看它们的枝叶，霸占了绝大部分阳光和水源。"另一根小麦望着远方叹息。

"所以我们只能在这里。也许不久之后我们就会消失在这片大地……"一只孱弱的小麦悲观地哭泣起来。

"不会的，我们还有自己的法宝没有利用起来。"沉默的小麦酋长终于说话了。只是刚说到这儿，就有人走过来了。

"嘘……"酋长旁边的小麦做了一个闭嘴的手势，大家立即沉默并低下头去。

这两个人走过去，根本就没有注意到小麦的存在。

"啊，他们看都没看我们，我们就像空气一样，不容易被察觉。"悲观的小麦更悲观了。

"酋长，您刚才说的法宝是什么啊？"酋长身边的小麦没有忘记刚才的话题。

酋长还没有解释，又有两个人走来，恰巧走过酋长身边。酋长饱满的麦粒吸引了这两个人的注意，一个人蹲下来，摘下酋长身上的麦粒，闻了闻，然后放进嘴里嚼了嚼。随后这个人点点头，脸上露出很愉快的表情。

另一个人也想尝尝，伸手去摘旁边的麦粒，结果一碰到麦秆，麦粒就掉到地上了；他再伸手去摘另一棵，结果也掉到了地上；第三棵依然是同样的结果。他摇摇头，放弃了。两个人叹息了一声，离开了。

"我们的法宝就是我们身上的麦粒，可惜我们的麦粒太容易掉了，我们必须进化出结实的结构，麦粒才能被人类利用，人类才能被我们利用。"酋长一语道破天机。

第二年，小麦酋长率先长出了两颗麦粒，而且连接麦粒的部位基因发生了变化，变得牢固。整个麦地的麦子效仿酋长，麦粒增多一粒，而且麦粒结构变得牢固。有不解的小麦问酋长："这样的结构并不利于我们自行传播种子啊，为什么要这样呢？"酋长笑而不语。

很快，人类发现了小麦，把它们收割回去。第二年，人类主动将麦粒撒在地上。自此，每年人类都会收割小麦和种植小麦。并把小麦迁移到了最肥沃的土地上，并且有人给它们灌溉和除草。从此，小麦在人类的庇护下，代代相传，延续至今。

地球结构

地球是茫茫宇宙中一个美丽的星球。地球的内部结构呈同心状圈层结构，由地心至地表依次为地核、地幔和地壳。就好像一个鸡蛋，地核是蛋黄，地幔是蛋白，地壳是蛋壳。

地壳
内地核
地幔
外地核

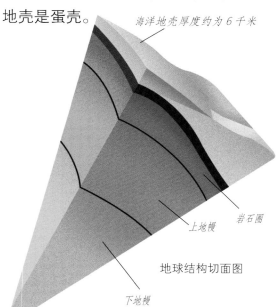

海洋地壳厚度约为6千米

岩石圈
上地幔

地球结构切面图

下地幔

"蛋壳"

如果把地球比作一个鸡蛋，蛋壳无疑是地球最外面的保护层——地壳。地壳是人类活动的主要场所，它是由许多大小不一的块体组成的。地壳的厚度并不是均匀的，有的地方比较厚，比如海拔较高的高原或者山地地区；有的地方比较薄，比如海拔较低的盆地地区。地壳的平均厚度为17米。

"蛋白"

"鸡蛋壳"下面的"蛋白"部分就是地幔。地幔分为上地幔和下地幔两层。地幔是地球内部体积最大、质量最大的一层，大约厚达2865千米，主要由富含铁和镁的物质所组成。地幔的顶部还有一个软流层，该软流层主要功能是能够减缓地震波的传播速度。

地幔是由高温的物质组成的。由于地幔内部存在密度和温度的差异，导致固态物质也可以发生流动

"蛋黄"

"鸡蛋"最里面也是最核心的部分就是"蛋黄"——地核部分。地核又可以分为外地核、过渡层和内地核三层。地核的温度和压力都很高，估计温度约为5000℃，压力值约为350吉帕。

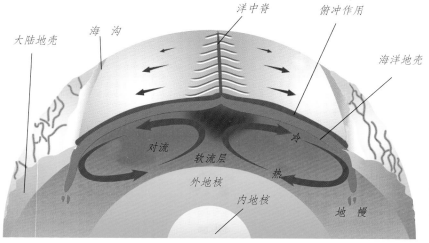

洋中脊
俯冲作用
大陆地壳
海沟
海洋地壳
对流
软流层
热
外地核
内地核
地幔

地球结构剖面图

地球的外衣

　　像鱼儿生活在水中一样，人类生活在地球大气底层。大气层好像地球的外衣，既有保暖作用，也有保护作用。大气层厚达 1000 多千米，由多种气体混合而成，其中氮气以 78% 的比例占据第一位，其次是占比近 21% 的氧气，剩下的是氢、二氧化碳、水蒸气等。

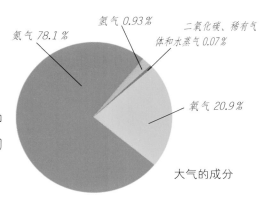

氢气 0.93%
氮气 78.1%
二氧化碳、稀有气体和水蒸气 0.07%
氧气 20.9%
大气的成分

永不停息的运动

　　水圈是一个永不停息的动态系统。太阳辐射和地球引力，推动着水在水圈内各组成部分之间不停运动，并且形成全球的海陆循环，连接各种水体，让它们长期存在。降水、蒸发和径流是水循环的三个主要环节，它们决定着全球的水量平衡。

雨水的渗透

水蒸气在上升过程中形成云

云产生雨水

地面河流

太阳使水的温度升高，蒸发到大气层中

地下水注入河流

水循环示意图

太阳系的独特圈层

　　现存的生物生活在岩石圈的上层部分、大气圈的下层部分和水圈的全部，构成了地球上一个独特的圈层，称为生物圈。生物圈是太阳系所有行星中仅在地球上存在的一个独特圈层。

生物圈
生物群落区
生态系统
生物群落
种群
个体

地球生物圈示意图

如果往穿过地心的洞里丢一颗石头会怎样？

奇思妙想

虽然人们到现在还没有办法深入到地球的核心，但探知世界的脚步是永远不会停止的。随着科技的不断发展，一些在前人看来永远不可能实现的事情，在今天都已经实现了。现在地球上已知的最深的洞是地质学家钻出来的：俄国的地质学家曾经在俄罗斯的西伯利亚挖掘出地球上最深的洞，但其最底部距离地表也不过 12 千米。要知道，地球的直径有 12800 千米那么长，科学家们钻的这个洞，甚至还没有穿透地壳呢！不过，人们坚信人类一定可以解决一切看似不可能完成的任务。曾经多少次，人们在科幻小说和电影中憧憬着在地心漫游，也渴望着能够切身感受那一场景。美国科幻电影《地心抢险记》就向人们展示了幻想中的地心的面貌，那里到处都是高温物质，有许多散落的矿物结核在熔岩中飘来飘去。

假使我们经过努力，克服了种种困难，终于成功地在地球上钻成了一个贯穿地心的洞，然后往这个洞里丢一块石头。石头在洞里会越掉越快，因为地球的重力会把它一直拉向地心。就在快到地心的时候，它的速度达到了最快，甚至超过了流星下落的速度。可是石头在经过地心，向洞的另一端掉落时，就会发生很有趣的事情：它的速度会不断地减慢，到另一端洞口时，它的速度会减为零。于是，在重力作用下，石头又会沿着原来的轨迹返回，等回到了我们最初的那个洞口后，它又再次向相反的另一端洞口掉去。就这样，石头以地心为中心点，来回不停地做着往复运动。到了最后，石头的运动幅度会越来越小，最终将停留在地心的位置不动。

"易怒"的岩浆

地心的岩浆脾气不是很好，它时不时就要发怒，它一发怒，整个地球都在震颤和摇晃，给地球带来一次又一次的灾难，同时也给地球带来一次又一次的改变。岩浆发脾气的时候，不管地球上正在发生什么，正在进行着什么，只是自顾自地发怒，有时候竟也破坏了"别人"的好事。

2.5亿年前，西伯利亚大陆上，两只盾甲龙在地表稀疏的植被中觅食，却不知危险已经逼近。

史前掠食猛兽丽齿兽出现在山坡上。这个家伙已经进化出犬齿，能够轻而易举撕开动物的皮肉，被誉为"二叠纪的野狼"。现在它的目标定在了行动缓慢的盾甲龙身上。它俯身贴在山坡上，观察两只盾甲龙。然后悄悄从山坡上弓着身子走下来，蹑手蹑脚地靠近盾甲龙，趁盾甲龙不注意，猛扑过去。所幸盾甲龙身子一扭躲了过去，但是后腿被丽齿兽的獠牙刮一下。

丽齿兽再次出击，前爪伏在地上，态，弓起背，奋力一跃，这下咬到了盾脖子。疼痛的盾甲龙用尽全身力气将丽齿兽顺势着地，并没有受到伤害。鲜血。盾甲龙跟跟跄跄朝前走了几步

丽齿兽走过去，刚要低头享受美面被愤怒的岩浆撕裂，岩浆喷涌而出。己费力杀死的盾甲龙，连自己也葬身在了这次地球生物大灭绝的首批牺牲者，这次岩大灭绝。

放低姿甲龙的要害——丽齿兽甩出去老远。盾甲龙的伤口立即喷射出就倒下了。

食，突然大地剧烈震动，地可怜的丽齿兽不仅没有吃到自这岩浆中了。丽齿兽和盾甲龙成浆的爆发造成了西伯利亚动植物空前

冈瓦纳古陆另一端虽然没有火山喷发，但是这一区域的动植物也没能逃脱西伯利亚的岩浆活动带来的伤害。西伯利亚火山喷发制造的灰尘，飞越1.6万千米，到达了冈瓦纳古陆另一端。这些漂浮在空气中的灰尘引燃了森林，许多动植物被烧死。而且西伯利亚火山喷发释放的二氧化硫也影响到了那里，雨和空气中的二氧化硫结合形成了致命的酸雨，酸雨所到之处，动植物无一幸免。

地球公转与自转示意图

地球的运动

昼夜交替、四季变换以及潮汐涨落，这些现象都是因为地球的运动。地球在绕太阳运转的同时，也在绕地轴不停地自传。地球的公转和自转对于人类和生物圈尤为重要。如果地球停止公转或者自传，将给人类和地球生物圈带来毁灭性的灾难。

地球公转

地球是太阳的卫星，由于太阳引力场和自传的作用，使得地球在椭圆形的轨道上，自西向东绕着太阳不停息地转动。地球绕太阳公转一周大约需要 365 天，正是因为地球的公转，才有了地球上的春夏秋冬四季交替。

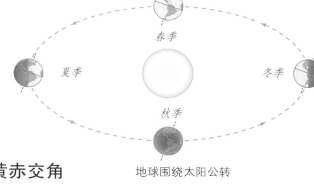

地球围绕太阳公转

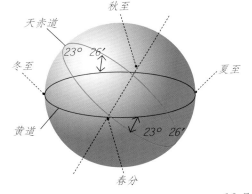

黄道面示意图

黄赤交角

地球在其公转轨道上的每一点都在相同的平面上，这个平面就是地球轨道面。天赤道在一个平面上，黄道在另外一个平面上，这两个同心的大圆所在的平面构成一个23°26′的夹角，这个夹角叫作黄赤交角。地球仪的赤道面与桌面呈23°26′的交角，这就是黄赤交角的直观体现。

四季分明

地球的公转，让我们感受到了四季的不同。当太阳直射赤道的时候，全球昼夜平分，白天和黑夜时间一样长，那时便是春分日或者秋分日。当太阳直射南北回归线时，太阳直射的那半球便是夏至日，相对的另一个半球则是冬至日。

12月21、22或23日，太阳直射在南回归线，这一天北半球白天最短，夜间最长

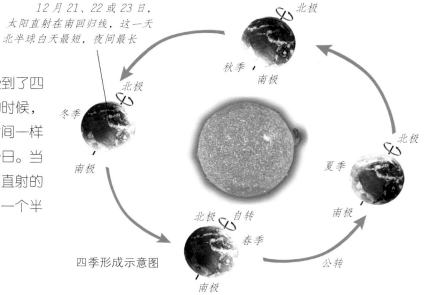

四季形成示意图

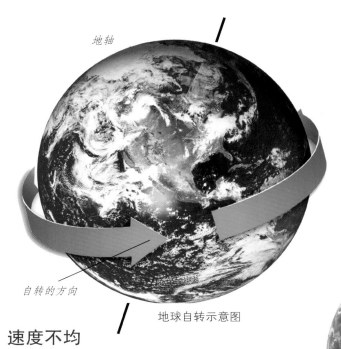

地轴

自转的方向

地球自转示意图

地球自转

地球在围绕太阳做公转的同时,自身也在不停地自转。人们设想地球中间有一根轴,叫地轴,地球以地轴为中心,也在自西向东不停地自转。一周大约需要 23 时 56 分。正是因为地球的自转,才有了白天和黑夜。

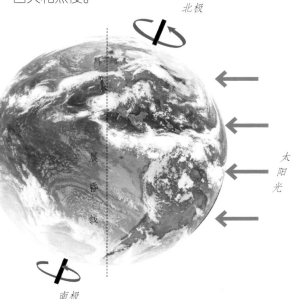

北极

晨昏线

太阳光

南极

速度不均

地球的自转不是一直匀速进行的,每年、每月、每日,都存在周期性变化。十年尺度周期变化幅度为 ±3 毫秒,年际变化幅度为 0.2~0.3 毫秒,月周期和半月周期变化的幅度为 ±1 毫秒。

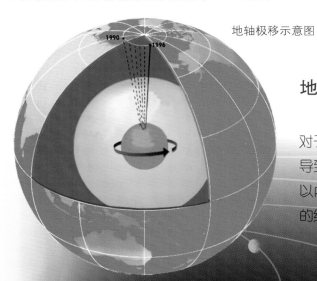

1990   1996

地轴极移示意图

地轴的极移

地极移动简称为极移。一方面由于地球自转轴对于惯性的偏离,另一方面由于大气的季节性运动,导致了地球自转轴的极移。极移的幅度一般在 15 米以内。正是因为地球自转轴的极移,才使得地球上的纬度和经度发生变化。

如果地球突然停止自转会怎样？

奇思妙想

地球的自转，带来了白天与黑夜，人们因此在地球上划分了不同的时区。地球一直都是自西向东而转，因此每天早晨太阳从东方升起，向大地洒下金色的光辉；而到了傍晚，太阳从西方落下，留下红色的余辉。当纽约市的人们正在安睡时，地球另一端的北京，人们正在忙碌地工作着。不知你有没有想过，如果地球就在此刻停止转动，世界上会是怎样一种景象呢？

如果地球停止自转，就像急刹车一样，所有的物体都会快速飞向东边，这是由于惯性的作用造成的。因为自然界的任何物体都有一种保持原有的运动状态的性质，这就是惯性。地球的自转方向是自西向东的。即使地球停止了自转，但地上的物体仍然会继续前进，也就是飞往东边的原因。在赤道附近，物体运动的时速会达到1600千米！如果地球停止自转的时候正是白天，那我们会注意到的第一件事情就是，太阳不再在天上移动了。我们想等夜晚来临，但是再也等不到了，以后永远都会是白天！如果人们过的是无穷无尽的白天，那么太阳就会一刻也不停地照射着我们，我们很可能会被晒伤，而且我们也得在明亮的地方睡觉。而住在地球另一边的人却又得长期处在寒冷和黑暗之中，他们会因此而得病。虽然白天和黑夜不再交替，但时钟还是会嘀嘀嗒嗒地走，人们也照样可以说"现在几点钟了"，只是这样的时间没有什么实质意义了。在临近光明和黑暗的地方，会有两条很狭窄的地带，一边永远是黎明，一边永远是黄昏。这两个地带既不会太亮、太热，也不会太黑、太冷，所以就成了最好的居住之地。

夜的馈赠

100多万年前的某个夜晚，一个偶然的事件改变了我们的人类。

那时候，我们的祖先还是狩猎一族。白天，他们狩猎，野兽成为他们的"盘中餐"。夜晚，他们在野兽的威胁中度过夜晚，他们可能成为野兽的"腹中食"。古人最讨厌的事情之一大概就是过夜了。

这又是一个伸手不见五指的夜晚。一小撮人，除了腰间那点遮盖，几乎是赤身裸体地在森林中的草地上席地而睡。他们今天狩猎到很晚，夜太黑，又不记得路，不得不在这里过夜了。这样的夜晚，在森林里过夜是很危险的事情，很容易遭到野兽的攻击。就在他们刚要睡着的时候，树上的鸟突然"扑棱棱"飞走了，这一动静让刚进入迷糊状态的这几个人一下子警觉起来。他们立刻进入"备战"状态。

一个人从身边拿起下午刚刚磨尖了头的干树枝，另外几个手里紧紧握着两块石头。野兽在黑暗中视力很强，可是我们的古人什么也看不见啊。惊恐之下，他们"呜嗷"乱叫，拿石头的那几个人还不停地敲击石头，企图吓退前来进犯的野兽。野兽在向他们围拢，准备伺机而动。因为害怕，他们敲击和摩擦石头的动作很快，结果石头间蹦出了火花，他们自己也被吓了一跳。可是面对猛兽他们顾不得这些，石头间的火花居然引燃了树枝，周围一下子亮堂起来。

火光吓退了猛兽。这一夜，他们不断往燃烧的火上添加树枝，熬到天亮。他们还把"火种"带到山下，给洞里的人看看这个新奇的玩意。从此之后，火变成了它们生活的一部分。他们不仅用火来照明，还用火来吓退进犯的野兽，甚至还用火来烤野兽的肉吃。

火极大改变了人类的生活方式，这真得感谢夜的馈赠啊！

七大洲与四大洋

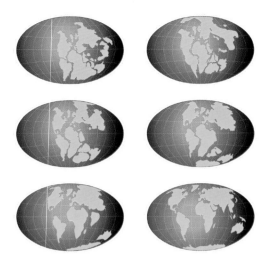

漂移的大陆

板块运动造就了七大洲和四大洋，历经沧海桑田，它们才成为今天的样子。七大洲、四大洋把世界分成若干区域，彼此独立又有联系。世界仍在变化，人类探索地球的脚步也从未停止。人类发现了"第八块大陆"，它在哪里，又面临什么问题？

大陆漂移

大陆漂移是指大陆彼此间和大洋盆地间的大规模水平运动，在中生代以前地球上所有的大陆是一个统一的巨大陆地，也就是泛大陆或者联合古陆，后来陆块分裂并漂移，成为了现在的模样。大陆漂移说由魏格纳于 1912 年提出，曾遭质疑，但于 20 世纪 50 年代重获新生。

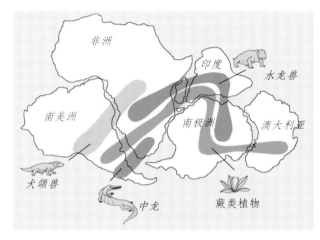

科学家在不同大陆上发现了极为相似的古生物化石，从而证实大陆曾经是连在一起的。其中水龙兽化石是最著名的大陆漂移理论证据

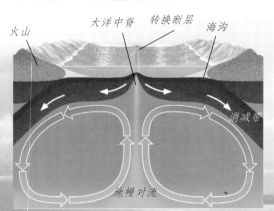

在地幔中，炽热的岩石之间的对流所产生的力足以使大陆产生漂移

板块构造

板块构造理论是为了解释大陆漂移现象而发展出的一种地质学理论。该理论认为，地表层是由六大板块以及若干小板块组成岩石圈板块拼起来的。而岩石圈的板块是在地幔软流圈上漂浮运动的。

沧海桑田

地表变迁经历了一个漫长的过程，在内外力的作用下，可谓"沧海桑田"。内力是地表形态的主要塑造者，通过地壳运动、岩浆活动等改变地貌；外力起辅助作用，如重力、风力、冰川、水流等外力起到堆积、侵蚀、搬运等作用。

世界七大洲分布图

七大洲

　　所谓的七大洲，是陆地被分成的七大块，包括亚洲、欧洲、北美洲、南美洲、非洲、大洋洲和南极洲。其中，亚洲是七大洲中最大的洲；北美洲是唯一一个整体在西半球的大洲；南极洲是人类最后达到的大陆，也是平均海拔最高的洲。

四大洋

　　地球表面 70% 的面积是海洋，海洋被陆地分隔成彼此相通的四大洋，包括太平洋、大西洋、印度洋和北冰洋。其中，太平洋占海洋总面积的49.8%，大西洋占海洋总面积的 26%，印度洋占海洋总面积的 20%，北冰洋占海洋总面积的 4.2%。

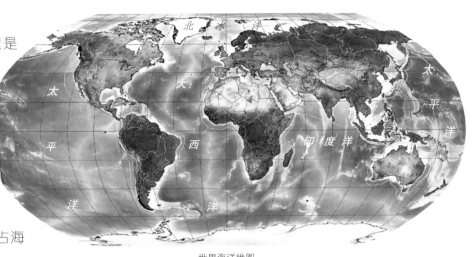

世界海洋地图

亚特兰蒂斯（想象图）

"第八块大陆"

　　柏拉图曾在他的著作里提到失踪的大陆亚特兰蒂斯，最近有科学家称人类发现了第八块大陆，位于美国西海岸和夏威夷之间，面积相当于两个得克萨斯州，是太平洋上一片由 400万吨塑料垃圾组成的。对于其能不能被定义为"第八块大陆"目前还有争议。

如果岛屿都被海水淹没会怎样？

奇思妙想

如果有一天，世界上的岛屿都被海水淹没了，那会怎样呢？

岛屿，听起来很小，却在整个大自然环境中起到"牵一发而动全身"的作用。岛屿一旦被海水淹没，人类的生活将会产生一系列的变化。

全球共有5万多个岛屿，面积加起来，可达997万平方千米，约占全球陆地总面积1/15，大小可和中国比肩。海平面的抬升将使很多的岛屿被淹，那些岛民不得不迁移到临近的大陆国家。这样人口本就密集的大陆地区会变得更加拥挤，资源会变得更加紧张。这样的情况下，大陆上生活的人们之间竞争将更加激烈，社会稳定面临新的挑战。稀缺资源的争夺很可能引发人们不希望看到的战争，人类和平受到威胁。一旦岛屿被海水淹没，生物的多样性将受到威胁。在某些特定岛屿上生活的特定物种就会随着岛屿的淹没而绝迹。一旦岛屿都被海水淹没，某些洋流运动势必会被改变，从而影响局部或者整个地球气候，届时，人类将面临更为严峻的气候考验，人类的生存状况也不容乐观。

地球分家记

很久很久以前，地球还是一个年轻的母亲，它独自养育了7个男孩和4个女孩。7个男孩分别是亚洲、欧洲、北美洲、南美洲、非洲、大洋洲和南极洲，4个女孩就是北冰洋、太平洋、大西洋和印度洋。那时候，它们一家快乐地住在一起，彼此不分离，关系融洽极了。

可是这些孩子慢慢地长大了，变得叛逆，不听妈妈的话，甚至开始有了私心，它们都希望自己的地盘更大一些。它们常常会趁妈妈不注意的时候发火吵架，互相侵占对方的地盘。有的时候，它们兄妹几个吵得不可开交，常常会引发地震和火山喷发。

有一次，欧洲和亚洲两个男孩子居然结成了同盟，要对付同样结盟的北美洲和南美洲两兄弟，它们都认为自己应该拥有最大的地盘，于是便互相喊叫，发起了脾气。到后来，它们甚至动手了，互相推挤对方，想把对方推得远远的。

它们之间的争吵和推挤的景象真是吓人：大地轰隆隆地震动咆哮着，火光冲天，烟雾弥漫——原来是火山喷发了。其他的几个姐妹和弟弟们也都上来劝阻，可是那两方都在气头上，根本劝不住，它们不断地向对方示威，一定要争出个胜负。

最小的弟弟大洋洲眼看劝不住自己的哥哥们，感到失望极了，它便独自向着远处走去。而姐姐们呢，为了拉住它们，只好挤到这几个大陆的中间。

兄弟之间的战争持续了好几天，地球妈妈终于回来了。看到孩子们弄得不可开交的样子，它气愤极了，对着自己的几个孩子说道："你们既然不懂得和睦的道理，就让你们互相远离吧！直到你们反省过来的那一天，你们才能相见。"

可惜的是，直到今天，这两对联盟还没有反省好呢！只能靠着四个姐妹传递消息了。

盆地的3D模型

高山、盆地与峡谷

山脉是地球的骨骼；盆地，因其中间低四周高的特殊地形而得名，盆地内资源丰富，是名副其实的"聚宝盆"；峡谷是地球美丽的伤痕，凄绝而不失惊艳。它们因内力或外力而形成，共同装饰着地球这个大家园。

断层山和褶皱山

在漫长的发展过程中，大陆板块不断地碰撞对接引发强烈地震，有的被挤得断裂下沉形成断层山，有的被挤出地面形成高大的褶皱山。新山系高耸呈锯齿状，老山系因为长年累月的雨水冲刷和风暴剥蚀，显得圆滑。

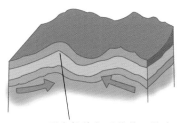

两个板块相互推挤，地壳就会弯曲变形，形成山脉

褶皱山的形成

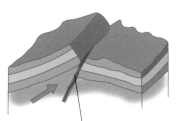

地球板块互相碰撞，使地壳出现断层或裂缝，从而形成断层山

断层山的形成

山脉之最

喜马拉雅山脉是世界上海拔最高的山脉，其主峰珠穆朗玛峰是世界第一高峰，海拔高度为8844.43米。"南美洲的脊梁"——安第斯山脉全长8900千米，宽约300千米，是世界上最长的山脉。阿尔卑斯山脉是欧洲最高大的山脉，同时也是欧洲自然地理最靓丽的风景线。乞力马扎罗山是赤道上的雪山。

珠穆朗玛峰

盆地的分类

盆地按成因可分为构造盆地（地壳构造运动形成的盆地）和侵蚀盆地（由冰川、流水、风和岩溶侵蚀形成的盆地）。按照盆地的位置，盆地可分为外流盆地和内流盆地。我国有许多盆地，如柴达木盆地、塔里木盆地、四川盆地等。

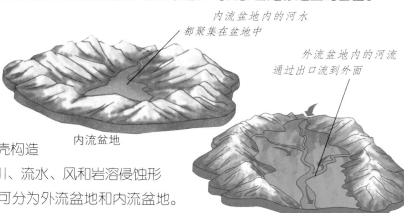

内流盆地内的河水都聚集在盆地中

内流盆地

外流盆地内的河流通过出口流到外面

外流盆地

塔里木盆地

最大的盆地

地球上最大的盆地是位于东非大陆中部的刚果盆地，面积约337万平方千米。世界上最大的内陆盆地是中国新疆的塔里木盆地，它地处内陆，气候干燥，气温昼夜变化大。

峡谷

峡谷被称为"美丽的伤痕"，它是地球美丽的伤疤。峡谷是由峭壁所围住的山谷，由水流将高地向下切割形成的。世界上最深的峡谷是中国的雅鲁藏布江大峡谷，它长约504.6千米，两侧高峰与谷底相对落差达6009米。

美国科罗拉多大峡谷是科罗拉多河的杰作，是它的长期冲刷塑造了大峡谷奇观

东非大裂谷

地球的伤疤

东非大裂谷是世界上最大的裂谷带，长度相当于地球周长的1/6。东非大裂谷辽阔浩荡，湖区水量丰富，土壤肥沃，植被茂盛，野生动物众多。

雅鲁藏布江峡谷两岸植被丰富，森林茂密

如果乞力马扎罗山的雪全化了会怎样？

奇思妙想

它的轮廓非常鲜明：缓缓上升的斜坡引向一个长长的、扁平的山顶，那是一个真正的巨型火山口——一个盆状的火山峰顶。在酷热的日子里，从远处望去，蓝色的山基令人赏心悦目，而白雪皑皑的山顶似乎在空中盘旋，常伸展到雪线以下的缥缈的云雾里，更增加了这种幻觉。这就是乞力马扎罗山。乞力马扎罗山在坦桑尼亚人心中无比神圣，很多部族每年都要在山脚下举行传统的祭祀活动，拜山神，求平安。在过去的几个世纪里，乞力马扎罗山一直是一座神秘而迷人的山——没有多少人相信在赤道附近居然有这样一座覆盖着白雪的山，这真的是一个十分奇特的景象。可是，如果有一天乞力马扎罗山上的雪全部融化了，会发生什么事情呢？

随着乞力马扎罗山上冰雪的消融，在山附近的河水流量也会下降。到了旱季，一些地区的河水枯竭，牲畜由于缺水而死亡。而生活在乞力马扎罗山附近的动物们也会因为水源减少而遭受到饥渴的威胁。坦桑尼亚的旱季将会增长，饥荒和干旱将频繁地发生在这块土地上。

乞力马扎罗山的主峰乌呼鲁峰海拔 5895 米，是非洲最高的山峰。距今 1000 多万年前，这里的地壳发生断裂，沿断裂线有强烈的火山活动，乞力马扎罗山便是由大量熔岩堆覆而成。其约 5000 米以上的山峰覆盖着永久冰川，最厚达 80 米，形成了赤道附近的"雪峰奇观"。近年来，因全球气候变暖和环境恶化，乞力马扎罗山顶的积雪融化，冰川退缩得非常严重。如果情况持续恶化，若干年后乞力马扎罗山上的冰盖将不复存在。那么，前面所说的那些情况都会真实地发生。

偏执的印度洋板块

地球大分家之后，事情并没有就此结束。

原本六大板块"分道扬镳"就可以相安无事，可是偏偏就有"好事者"，搅得大家不得安宁。印度洋板块与非洲板块分家后，两家你拉我扯，扯出一个"马达加斯加岛"。印度洋板块说"小岛，你跟着我吧，我们去找一块最好的地方。"

"最好的地方？我们去哪儿？"马达加斯加岛期许的语气问道。

"这个……我还没有想好。"

在它们商量不定的情况下，南极洲邀它们退隐世界一隅，印度洋板块却执意要寻找"最好的地方"。南极洲只身退到南天边，与世无争。马达加斯加岛虽然也喜欢"最好的地方"，可是看到印度洋板块比较冒进而且没有方向，便选择了保持中立，待在原地。于是，印度洋板块独自上路，开始了自己的追寻之旅。

印度洋板块慢慢漂过非洲，越过赤道。终于，它发现了"最好的地方"，这个地方正好就是亚欧板块所在的地方。但是最好的地方却被别人占领了，印度洋板块的暴脾气怎么忍得了？

"砰……砰……"印度洋板块居然用身体朝亚欧板块撞去，以期得到这块"最好的地方"。奈何亚欧板块身强力壮、块头大，几下撞击之后，岿然不动。倒是印度洋板块，不胜如此撞击，累得半瘫不说，竟不自觉地俯身冲向亚欧板块之下。印度洋板块停止攻击，稍作休息。

但是印度洋板块对这块"最好的地方"念念不忘，它决定卷土重来。"砰……砰……"印度洋板块用尽全身力气朝亚欧板块撞去。这是印度洋板块生平最愤怒的一次，整个地球都为之颤抖。这次亚欧板块负了重伤，南部边缘出现严重褶皱和断层，地表被抬升，一条巨大的山脉——喜马拉雅山脉崛起了。

结局如此，但偏执的印度洋板块并没有放弃。尽管这次元气大伤，但它还是每年都在朝亚欧板块推挤，使得喜马拉雅山脉的最高峰——珠穆朗玛峰每年都在增高，只是这种变化很小，小到我们根本察觉不出来。

森林、湿地与沙漠

茂密的森林是地球的"氧吧"和"水库"，被誉为"地球之肺"，它对生物圈和人类的生活尤为重要。湿地是地球上三大生态系统之一，被誉为"地球之肾"。沙漠被称为"金色的海洋"，陆地上三分之一的面积都掩埋在这茫茫黄沙之下。

地球之肺

森林是以树木为主组成地表生物群落的，它是地球上最大的陆地生态系统，是生物圈中重要的一部分。森林被视为地球上的基因库、蓄水库和能源库，是人类赖以生存和发展的资源和环境。按照在陆地上的分布，森林可分为针叶林、阔叶林、针阔叶混交林、落叶阔叶林、热带雨林等。

森林可以防止水土流失

热带雨林

热带雨林主要分布在赤道附近。那里土壤肥沃，雨量充沛，植物繁多，动物活跃。热带雨林里的植被有三到五层，层叠生存，生活在下层的生物拼命向上生长，形成"树上生树、叶上长草"的奇观。那里更是动物们的乐园。

热带雨林的生物群落

地球之肾

湿地凭借其自身维持、保持生物多样性，以及涵养水源、蓄洪防旱、降解污染的作用，被誉为"地球之肾"。沼泽、滩涂、低潮时水深不过6米的浅海区、河流、湖泊、水库，甚至稻田都是湿地。湿地只占地球表面的6%，却为地球上20%的物种提供了生存环境。

潘塔纳尔沼泽地

潘塔纳尔沼泽地是世界上最大的湿地。它位于巴西马托格罗索州的南部地区，面积达2500万公顷。沼泽地内分布着大量河流、湖泊和平原。每年潘塔纳尔沼泽地都会经历雨季和旱季，每当雨季来临，这里就变成了动物们的天堂。

潘塔纳尔沼泽地

金色海洋

世界上三分之一的陆地都被沙漠覆盖。沙漠是怎样形成的呢？岩石常年受到风吹日晒，逐渐由大块裂成小块，再由小块风化成沙砾，经过风的搬运堆积而成沙漠；在久远的年代里，河流冲积形成了很厚的疏松的沙层，再经大风的吹扬形成天然的沙漠；人类破坏植被也会形成沙漠。

平顶山

深谷

干河谷

沙粒

沙丘

绿洲

地下水

绿洲

沙漠地貌示意图

撒哈拉沙漠

撒哈拉沙漠是世界上最大的沙质荒漠。"撒哈拉"一词在阿拉伯语中即为"大沙漠"的意思。撒哈拉大沙漠是地球上最不适合生物生存的地方。其海拔低的区域在白天炎热难耐，海拔高的地区到晚上冰冷刺骨。

撒哈拉沙漠风光

如果地球上的森林都被砍伐光会怎样？

奇思妙想

　　从太空中看地球，蓝色的部分是海洋，而大陆部分，有的地方是黄色的，有的地方是绿色的。那一抹绿色，正是地球上茂密的森林地带。按照目前流行的说法，人类起源于非洲的丛林。然而，尽管是从大森林里走出来的，人类对于养育他的"母亲"却并不是呵护有加，而是不断地对其进行砍伐与掠夺。如果地球上的森林就这么被砍伐完了，情况会是怎样呢？

　　地面上如果没有植被，就像城市的水泥地面那样，那么降落到地面上的雨水将很快聚集成大水；如果这个没有覆盖物的地面变成了坡面，那么聚成大水的速度将更快，"洪水猛兽"的形成就是这个简单道理。相反，如果地面上有植被，植被下面有枯枝落叶层，枯枝落叶层下面有土壤，那么，再大的雨在变成"洪水猛兽"之前都会在这里有一定的缓冲时间。因为，暴雨的力量被山上的森林、灌木、草本植物、枯枝落叶、土壤五道"卫士"大大地吸纳了，从茂密森林里流下来的就是"涓涓溪流"而非急流或者泥石流。如果失去了上述五道"卫士"保护，洪水就会直接从裸露的、有一定坡度的岩石面上滚下，其势如猛虎下山。

　　人类的祖先最初就是生活在森林里的。他们靠采集野果、捕捉鸟兽为食，用树叶、兽皮做衣，在树枝上架巢做屋。森林是人类的老家，人类是从这里起源和发展起来的。直到今天，森林仍然为我们提供着生产和生活所必需的各种资料。可以说，森林就像大自然的"调度师"，它调节着自然界中空气和水的循环，影响着气候的变化，保护着土壤不受风雨的侵犯，减轻环境污染给人们带来的危害。森林与人类息息相关，是人类的亲密伙伴，是全球生态系统的重要组成部分，破坏森林就是破坏人类赖以生存的自然环境。

沙漠求生

"谁来救救我啊！"阿莱绝望的声音在撒哈拉沙漠里丝毫没有回音。

他跟旅行团走散了，希望旅行团发现他丢了后能来这儿找他。

夏日的撒哈拉沙漠的温度高达 50℃ 以上，灼热的太阳炙烤着沙漠，阿莱感觉脚下滚烫滚烫的。"不行，我得把自己的脑袋保护起来，万一中暑就完了。"阿莱麻利地脱掉衣服，用力地把 T 恤撕开，像阿拉伯人一样把自己的脑袋包裹起来。

在沙漠中行走确实消耗体力，阿莱累了，躺在沙坡上想休息片刻。可是，炙热的太阳晒得他眼睛灼痛，他只好坐起来。忽然，在这沙漠中他发现了鲜活的生命——一只小骆驼蜘蛛。他发现自己的手挪到哪里，骆驼蜘蛛就跟到哪里。原来骆驼蜘蛛是在追逐他手的影子，因为沙漠中实在太热了。

身上背的小水壶里的水已经所剩无几了，阿莱轻轻抿了一口，含了一口在嘴里良久才咽下去，顿时就觉得喉咙里清爽很多。骄阳似火，找到水源迫在眉睫。

"再往前走走，也许就有绿洲了。"想着，靠着这个信念，阿莱又重新站起沙漠中蹒跚而行。

或许强烈的欲望起作用了，阿莱他兴奋极了，抖擞精神，朝着"绿洲"洲了，绿洲却突然消失不见了。原来，一场，还消耗了不少体力。阿莱绝望

"不行，我必须找到水源。"阿莱走去。他要爬到沙丘顶端，那里视野开阔，

阿莱心里来，继续在茫茫

真的看到了一处绿洲。快步走去。眼看就要走到绿这是海市蜃楼，白白高兴了地一屁股跌坐在沙地上。

重新鼓起劲，朝着最近的沙丘或许能发现点什么。

他费尽力气爬上了沙丘顶端，向远处望去，隐隐约约看到前方有几棵矮树。"这次不会又是海市蜃楼了吧。"阿莱嘀咕着朝那边走去，水壶里的最后一滴水也被他喝光了。

他终于可以清晰地看到树了——几棵椰枣树，树的顶端挂着椰枣。阿莱欣喜不已，一扫身体的疲惫，爬到树上吃了个饱，尽管果子的味道有些苦涩。接着，他把树下散落的干树枝，用"钻木取火"的方法点燃，冒出的浓烟袅袅升起，正好被搜寻他的飞机看到了，阿莱得救了。

特殊地貌

大自然鬼斧神工，利用侵蚀、搬运和堆积等作用，在自然界制作出一个个艺术品。干旱的沙漠中常见被风侵蚀的岩石，有的像擎天柱，有的像蘑菇云……这是风蚀地貌。而在极地、中低纬高山区常见冰川地貌。在我国云南、广西等地有典型的喀斯特地貌。

风化与剥蚀作用

风蚀地貌

在我国柴达木盆地、塔里木盆地、罗布泊洼地的东端以及准噶尔盆地的西部，风力较大，由于对地面物质吹蚀，加上风沙的磨蚀作用，形成了独具特色的风蚀地貌。和田北部的风蚀蘑菇、北疆广布的风蚀城堡、塔里木盆地东南部的风蚀柱、吐鲁番西部的风蚀穴等都十分典型。

在风沙强劲的地方，下部岩性较软，经长期侵蚀，可能会形成风蚀蘑菇

风蚀蘑菇

冰川地貌

冰川地貌

冰川通过内部运动和底部滑动，借助侵蚀、搬运、堆积等力量，联合寒冻、雪蚀、雪崩、流水等各种因素共同作用，形成了冰川地区的地貌景观。冰川地貌分为现代冰川地貌和古代冰川地貌，常见于欧洲、北美洲和中国西部高原山地。

雅丹地貌

雅丹地貌是风蚀地貌的一个典型。所谓的雅丹地貌是指河湖相土状堆积物地区发育的风蚀土墩和风蚀凹地相间的地貌形态。雅丹在维吾尔语中是"险峻的土丘"的意思。这种地貌在新疆孔雀河下游雅丹地区最为典型，故而用"雅丹"来命名这一地貌。

雅丹地貌

丹霞地貌

丹霞地貌

所谓的丹霞地貌，是指由产状水平或平缓的层状铁钙质混合不均匀胶结而成的红色碎屑岩（主要是砾岩和砂岩），由于高度不同，加上差异风化、重力崩塌、流水溶蚀、风力侵蚀等作用而形成的地形。丹霞地貌形成的陡崖有城堡状、宝塔状、针状、柱状、棒状、方山状或峰林状。该地貌多见于我国西北和西南。

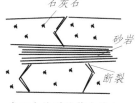

岩石上的裂缝使水渗入

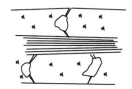

水与碳酸钙反应会溶解岩石

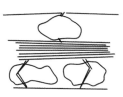

缺口不断扩大

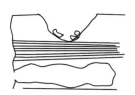

洞穴是在开口的时候形成的

喀斯特地貌形成示意图

喀斯特地貌

喀斯特为音译词，意为岩溶。由喀斯特作用造成的地貌称为喀斯特地貌。喀斯特地貌是水对可溶性岩石进行化学溶蚀，辅助以流水冲蚀、潜蚀和崩塌等作用，共同产生的地貌现象。喀斯特地貌主要分布在我国云贵高原和四川西南部。我国是世界上喀斯特地貌分布最广、类型最多的国家。

喀斯特地貌

流水地貌

流水侵蚀、搬运和堆积作用所形成的地貌，统称为流水地貌。流水地貌对水利工程、农田建设和河运航道等有重大意义。

被河流冲刷过的地貌

如果地球上全是平原会怎样？

奇思妙想

地球诞生之后的漫长岁月里，地球表面经历了沧海桑田的变化，这些改变有的是来自风化，有的是来自地表水与地下水对岩石和土壤的侵蚀，有的是来自冰川对地形的改造，有的是来自海水对海岸的冲击……这些形形色色的因素，造就了今天地球表面千姿百态的面貌。有时，人们为了建造一条公路，不得不避开那些高大的山脉、宽广的河流，往往要多花费几倍的时间。如果地球上是一马平川，那将节省很多时间，增加更多供我们人类使用的耕地，但自然界也就失去了变化色彩。

我们知道，地球今天的面貌，是从它诞生开始，其内部运动与外部运动共同作用的结果。如果没有了这些作用，那么也就不会有山脉的隆起、江河湖海的形成，也就不会有雷电雨雪这些自然现象了。

我们今天能看到的高山深谷，都是年轻的（有的是还在进行中的）地壳运动的反映，而古老的高原或山脉则已被夷平了，像欧洲的海西造山带，约在 2.5 亿年前形成，但今天连丘陵都见不到了，只是地表有些起伏而已。而平原是陆地上最平坦的地域，海拔一般在 200 米以下。平原地貌宽广平坦，起伏很小，它以较小的起伏区别于丘陵，以较小的海拔高度来区别于高原。平原可以分成两类，一类是冲积平原，主要由河流冲积而成。它的特点是地面平坦，面积广大，多分布在大江、大河的中下游两岸地区。另一类是侵蚀平原，主要由海水、风、冰川等外力的不断剥蚀、切割而成。这种平原地面起伏较大。平原地区面积广大，土地肥沃，水网密布，交通发达，是经济、文化发展较好的地方。

风蚀城之门

相传，塔克拉玛干沙漠埋有2000年前王莽丢失的十万两黄金，很多人都去寻宝，却很少有人生还。这个传说一直吸引着季长，他想和他的伙伴去探险。

季长团队来到沙漠时，晴空万里，沙子被太阳炙烤得滚烫滚烫的。他们抱着侥幸心理，在茫茫沙漠里像没头苍蝇一样乱撞。下午，晴朗的天突然阴沉下来，天空聚集了越来越多的云。"沙尘暴要来了，我们必须赶快离开这里。"季长这句话刚说完，一个巨大的旋风已经在沙漠的中央形成，并朝着这边移动过来。尽管他们奋力向前跑，毕竟跑不过旋风。索性，他们蹲在那里，围在一起，低头闭眼，希望可以躲过沙尘暴的袭击。

没想到沙尘暴突然消失，一座风蚀城堡出现在他们的面前。两个风蚀蘑菇般的岩石就是城堡的大门。

团队成员疑惑地你看看我，我看看你。

"莫非这是风蚀城？而这两个岩石是风蚀城之门？听别人说黄金就藏在风蚀城堡里。"季长推测道。

正在他们讨论的时候，一个戴面纱的神秘女子忽然从风蚀城之门后面走了出来："你们是来寻宝的吧？跟我来。"

"奇怪，她怎么知道我们是来寻宝的？"季长心里不禁泛起疑问来，可是也不敢问，只是乖乖地跟在神秘女子的后面。

"这里是风蚀城堡，我是城堡的主人。你们可以进去，但是里面的东西不能动，在里面的时间也不能太长。"神秘女子似乎看穿了他们的心思。

"好的。"他们开始兴奋起来。女子将季长一行人带到了风蚀城堡门前。那女子朝着大门喊："丹霞，丹霞，请开门。"门果然打开。一进城堡，他们就被金光刺得睁不开眼，黄金堆满了整个城堡。

看到明晃晃的黄金，同伴们忘记了城堡主人的叮嘱，一个个贪心大起，争相往身上装黄金，并互相攻击起来。就在他们打斗时，城堡大门开始慢慢关闭。季长见状，朝大门飞奔过去。

大门马上要关上，季长还没有跑出来。"救命……救命……"季长大叫。忽然从床上坐起，满头大汗，原来这是一个梦。

极端天气

风、雨、雷、电、霜……这些人类习以为常的气象，深刻地影响人类生活。人类接受天气的馈赠，也经受天气的考验。当极端天气出现，人类往往措手不及，无从应对。熟知极端天气，从容应对极端天气可能带来的灾害，对人类而言意义非凡。

闪电

干旱

龟裂的大地

龟裂的土地、干涸的河流、枯黄的庄稼……这是干旱的典型表现。干旱是危害农牧业生产的第一灾害，它可引起草场植被退化和土地荒漠化，加速生态环境恶化，还能引发森林火灾和草原火灾等。

洪水

洪水是大自然愤怒最激烈的表现之一。暴雨、急骤融冰化雪、风暴潮等自然因素总是会不期而至，过多的水积聚在江河湖里，而江河湖有限的空间不能全部容纳迅速增加的水，水位激增，破堤而出，最终形成洪水。

被洪水淹没的小镇

酸雨对森林的腐蚀

酸雨

酸雨危害极大，这与它的成因不无关系。人类大量使用化石燃料，燃烧后产生的硫氧化物或氮氧化物，被云、雨、雪、雾等吸收，降到地面便成了酸雨。酸雨严重威胁人类健康、生态系统和建筑设施等。

龙卷风

龙卷风是最强烈的旋风之一，发生时间短、破坏大。龙卷风常常在几分钟之内就能摧毁庄稼、房屋，使交通中断，人类生命和财产受到损害。最为著名的"龙吸水"，是指龙卷风把水面的水吸入龙卷风内，形成水柱，颇为壮观。

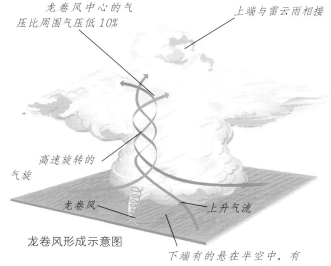

龙卷风中心的气压比周围气压低10%

上端与雷云雨相接

高速旋转的气旋

龙卷风

上升气流

龙卷风形成示意图

下端有的悬在半空中，有的直接延伸到地面或水面

龙卷风由快速旋转并造成直立中空管状的气流形成。龙卷风大小不一，但形状一般都呈上大下小的漏斗状

飓风和台风

产生于西北太平洋和我国南海的强烈热带气旋称为"台风"，产生于大西洋、加勒比海、北大西洋东部的强烈气旋称为飓风，在印度洋和孟加拉湾一带的则称为"热带风暴"。只是名字有区别，都是强烈的热带气旋，上岸后都会造成重大灾害。

飓风是具有巨大破坏力的自然灾害之一

1997年的厄尔尼诺　海水温度增高

海水温度降低

1999年的拉尼娜

厄尔尼诺和拉尼娜

厄尔尼诺现象，即"圣婴"，会在圣诞节来临时携着突然增强的暖流沿着厄瓜多尔海岸南下，使海水温度急剧升高，鱼群大量死亡，鸟儿纷纷离去。拉尼娜现象则正好与厄尔尼诺现象相反，是指赤道太平洋东部和中部海面温度持续异常偏冷的现象。这两种反常气象都会对人类生活和农业生产造成不良影响。

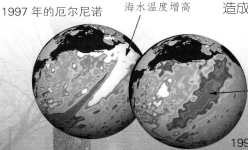

正常年份　　正常的大气环流

信风从东向西吹动

西太平洋海域水温升高

反常的大气环流

厄尔尼诺

东部信风减弱

暖水域从西向东移动

暖水域形成

厄尔尼诺现象示意图

如果人掉进龙卷风的风眼里会怎样？

奇思妙想

龙卷风力大无比，能轻易地卷起房子和大树之类的大物件，将它们"扔向"远至几千米的地方。如果人掉进龙卷风的风眼里，会怎样呢？

龙卷风的风眼与台风眼有所不同：台风眼最小的也有几千米，大的则达到几十千米。但在龙卷风中，它的风眼比台风眼小很多，直径只有几米到几百米。如果有人被卷入这个风眼，他将会看到这里原来是一个由风墙包围着的明显的无云而且非常平静的地区。而且在龙卷风的风眼里，并不是真空的，人完全可以在里面自由地呼吸。

龙卷风是一种涡旋：空气绕龙卷的轴快速旋转，受龙卷中心低气压的吸引，近地面空气从四面八方被吸入涡旋的底部，并随即变为绕轴心向上的涡流。龙卷风总是气旋性的，其中心的气压可以比周围气压低 10%。龙卷风一般产生于中低纬度低层大气不稳定的地区。美国发生龙卷风最多的是中西部地区，约有 54% 发生在春季。5 月份副热带高气压控制美国，其西缘正好停留在中西部地区，这时，东南气流把墨西哥湾的暖湿空气从南向北大量输送。空气中有了充足的水汽，又有了强烈的垂直上升气流，积雨云就会强烈产生，经常发展成龙卷风。6 月份大量的暖湿空气向北移到堪萨斯州、内布拉斯加州和衣阿华州，7 月份移到加拿大，此后，美国的龙卷风数量就大大减少了。除美国之外，加拿大、墨西哥、英国、意大利、澳大利亚、新西兰、日本和印度等国发生龙卷风的机会也很多。

卷入龙卷风

夏日的午后，天气异常闷热，艾米正在和小狗逗逗在花园里玩。奶奶正坐在栅栏旁的摇椅上，半眯着眼休息呢。当奶奶再次睁开眼睛的时候，天边的云已经堆得很厚了。"艾米，快，快到奶奶这边来。"奶奶朝着艾米喊道。

"怎么了，奶奶？"艾米不紧不慢地问道。

"你看天空的云越堆越厚，怕是大雨要来了。天气预报还说预防龙卷风呢。"奶奶有些不安。

"龙卷风？"艾米急忙跑过来，站在椅子上向天边望一下，看看龙卷风来没来。

"傻孩子，现在没有龙卷风呢。"奶奶摸着艾米的头，笑眯眯地说道。

说时迟，那时快。就奶奶和艾米说话的工夫，天边的云已经撑不住了。忽然，"咔嚓"一道闪电出现，紧接着雷声震动。

"大雨要来了。"奶奶这句话刚说完，就起风了。天边的云慢慢地形成了漏斗状。

"龙卷风！！！快，艾米，我们快到地下室去。"奶奶从椅子上站起来，抓起艾米的手就往屋里走。此时，龙卷风正以每小时100千米的速度朝这边移动过来，眨眼的工夫就能席卷奶奶的房子。

"哎呀，逗逗，你回来！"艾米挣脱奶奶的手，跑出去追逗逗。"危险！"奶奶喊着。

可是已经来不及了，龙卷风已经到达奶奶的院子了。艾米和逗逗都被卷入了龙卷风中心。龙卷风中心很平静，艾米抬头向上看，一道云墙将自己和逗逗包围起来，拔地而起，直冲云霄。艾米害怕极了。就在这时，随着龙卷风的移动，艾米和逗逗都被卷入了高空。艾米惊恐地喊叫着，俯视地上，她看到奶奶的房子已经被龙卷风摧毁，奶奶牢牢地抓住牛圈外深入土地的铁栅栏。紧接着，牛也被卷入高空，发出"哞哞"的惨叫声。

艾米看到左手边一棵树因为被风吹断的电线而起火，如果龙卷风经过那里，岂不是成了火球，后果不堪设想。还好龙卷风改变了方向，绕过了燃烧的树。可是龙卷风居然向着海洋的位置前进。"天啊，难道要出现"龙吸水"的情况吗？我会不会被淹死？"正在艾米害怕之时，龙卷风却使劲将她抛出，最后她和她的逗逗落在了一棵树的树顶，而龙卷风消失在海面上。

自然灾害

当大自然发怒时，火山喷发、地震、海啸、雪崩、滑坡和泥石流……人类在自然灾害面前显得脆弱不堪。人类应该爱护家园、保护环境、维护生态平衡，这才是真正的生存之道。

火山喷发

火山内高温、高压的岩浆，存在于地壳下100~150千米处。适逢地壳运动或者其他变化，岩浆便从地壳薄弱的地方喷发出来，形成圆锥形火山。喷发出的火山灰、岩石碎屑形成滚滚泥浆，滚烫的泥浆像洪水一般淹没一切。

火山灰
火山口
熔岩

火山的剖面图

面裂开大口子

地动山摇

地震是地壳快速释放能量的一种形式。地球上每年都会发生约550万次地震。地震带来的灾害常常是毁灭性的。地震灾害常常伴有次生灾害，如水灾、火灾、有毒气体泄漏、放射性物质扩散、海啸等。地震使人类的生命和财产安全受损。

海的咆哮

海啸是一种具有极强破坏力的海浪，由海底地震、火山爆发、水下塌陷或滑坡等产生。无论海洋有多深，都无法减缓海啸带来的伤害。滔天大浪能在海上形成强大的破坏性的"水墙"。海啸来临巨浪呼啸，以摧枯拉朽之势，越过海岸线，袭击城市或村庄，给人们带来不可估量的伤害。

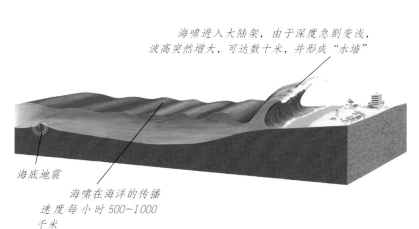

海啸进入大陆架，由于深度急剧变浅，波高突然增大，可达数十米，并形成"水墙"

海底地震

海啸在海洋的传播速度每小时500~1000千米

雪崩

由于积雪量太大，山坡积雪内部的内聚力抗拒不了它所受到的重力拉引时，便向下滑动，引起大量雪体崩塌，这便是雪崩。雪崩时，积雪不停地从山体高处借重力作用顺着山坡向下崩塌，随着雪体的不断下降，速度会越来越快，势不可挡。

雪崩的危害

泥石流

泥石流常暴发在地形险峻的地区，由暴雪或者暴雨等自然灾害引发的山体滑坡，携带大量泥沙及石块，似洪流席卷大地。泥石流以流速快、流量大、

高速路面被泥石流中断

破坏力强等特点成为不可抗拒的灾害。

2006年2月17日，菲律宾南莱特省南部一村庄附近的山体发生严重滑坡，导致这个村庄全部被埋

土壤盐渍化

在干旱、半干旱地区，由于漫灌和只灌不排，导致地下水位上升或土壤底层地下水的盐分随毛管水上升到地表。上升到地表的水分蒸发后，盐分积累在表层土壤中。积累的盐分含量超过 0.3% 时，就形成了盐碱灾害。

土壤盐渍化

如果你遇上印尼海啸怎么办？

奇思妙想

提起海啸，人们无不为之胆颤心惊，毛骨悚然。破坏性的地震海啸，只出现在垂直断层，里氏震级大于 6.5 级的条件下才能发生。2004 年印度洋那次巨大的海啸，给沿海人们带去了灭顶之灾，近 20 万人在这场灾难中死亡或失踪。如果你遇到了这场大海啸，该如何争取生还的机会呢？

一般灾害来临之前都会有些预兆，动物往往对灾害有独特的感应力，所以在灾害发生前，动物都会出现一些异常反应：比如天气炎热鱼却在水面；清澈的井水突然变浑浊；蚂蚁往高处搬家；老鼠成群出洞，且反应缓慢、不怕人等。如果你观察到这些现象，就应事先做好准备。但是，如果你没有观察到这些异象，在面临灾害的时候，最重要的是沉着冷静，千万不能慌张。如果面临海啸，我们应该尽量牢牢抓住能够固定自己的东西，而不要到处乱跑。因为海啸发生的时间往往很短，人是跑不过海浪的。在浪头袭来的时候，要屏住一口气，尽量抓牢不要被海浪卷走，等海浪退去后，再向高处转移。万一你不幸被海浪卷入海中，需要的还是冷静，关键要确信自己一定能够活下去。同时，尽量用手向四处乱抓，最好能抓住漂浮物，但不要乱挣扎，以免浪费体力。如果找不到漂浮物，就要尽量放松，努力使自己漂浮在海面，因为海水的浮力较大，人一般都可以浮起来。如果漂浮在海上，要尽量使自己的鼻子露出水面或者改用嘴呼吸。能够漂浮在水面上后，要马上向岸边移动。海洋一望无际，该如何判断哪边靠近岸边呢？专家指出，我们应该观察漂浮物，漂浮物越密集代表离岸越近，漂浮物越稀疏说明离岸越远。

鼹鼠救生记

鼹鼠一家搬到了艾瑞克家的后院。小鼹鼠对外面的世界很是好奇，总想溜出去一探究竟。可是妈妈告诉它，外面的世界很危险。胆大的小鼹鼠居然不听妈妈的话，在某一个白天悄悄地爬出了洞，而且越走越远。令人捏把汗的是，小艾瑞克正好从屋子里跑出来，他看见了小鼹鼠。小鼹鼠屏住呼吸，怵在那里不敢动，它的命运完全掌握在小艾瑞克手中。还好，小艾瑞克并没有伤害它的意思，它见机像离弦的箭冲回自己的洞中。

一连几天，小鼹鼠都不敢出来。奇怪的是，小鼹鼠洞口居然放了很多食物。被吓破胆的小鼹鼠不敢轻举妄动，直到它躲在洞中看到小艾瑞克一连几天往自己的洞口送吃的。小鼹鼠晚上出来，看着小艾瑞克房间里昏黄的灯光，内心感觉很温暖。在小艾瑞克和小鼹鼠的心里，他们已经是好朋友了。

可是，不幸降临了。一天晚上，天气异常闷热，鼹鼠一家都感觉烦躁不安。小艾瑞克此时已经关灯睡觉了。

突然，不好的事情发生了。大地突然开始剧烈地晃动起来，鼹鼠妈妈惊叫着让小鼹鼠待在开阔地带不要动。小鼹鼠却一个箭步冲到小艾瑞克房前，从门缝钻了进去。还没等小鼹鼠弄醒小艾瑞克，房子就轰然倒塌了。幸运的是，小艾瑞克头顶被倒下的一面墙支出了一个三角区，小艾瑞克安然无恙，可是他们家的房子大部分已经坍塌了，他的亲人都遇难了。这场地震震源太浅，又离小艾瑞克家很近，所以他们的村庄几乎被夷为平地，交通要道断裂，伤亡惨重。

接下来的几天，小鼹鼠打洞钻到别人家倒塌的厨房四处觅食，见到残存的面包、罐头等食物，就把它们拉回来给小艾瑞克吃，还冒着生命危险为小艾瑞克弄水喝。小艾瑞克坚持着，等待救援。

终于，远处传出了"隆隆"的挖掘机声，小艾瑞克家后院走进了几个人，他们在大声呼喊有没有人，小艾瑞克用尽全身力气回应，小艾瑞克得救了。从此，小鼹鼠和小艾瑞克谁也离不开谁了。

生物圈和生态系统

生物圈是地球上最大的生态系统，也是人类诞生和生存的家园。生态系统是生物群落之间相互联系、相互作用形成的整体。在生态系统中，不同生物之间由于吃与被吃的关系，形成了链状结构，这便是食物链。

生物圈

生物圈的范围在大气圈的底部、水圈大部、岩石圈表面。生物圈对生长环境很"挑剔"，只有同时具备充足的阳光，可以被生物利用的大量的液态水，适合生命活动的温度，生命物质所需的各种营养元素，才能形成生物圈。

生物圈

生态平衡

自然的平衡

自然的平衡又称"生态平衡"，是指生物与生物之间，生物与环境之间通过相互联系和相互制约建立起来的动态平衡联系。一定时间内，在生态系统内部，生产者、消费者、分解者和非生物环境之间，保持能量与物质输入、输出动态的相对稳定状态。生态平衡是生物生长发育和繁衍后代的根本条件。

人造"生物圈"

美国曾投资2亿美元巨资在亚利桑那州的沙漠中，建造了一个"迷你地球"的"生物圈"2号试验场。在这个全封闭的世界中，有海洋、草原、沼泽、热带雨林和沙漠，是个自成体系的小生态系统。尽管模仿得惟妙惟肖，但仍旧以失败而告终。

生态系统示意图

生态系统

生物群落与无机环境共同构成生态系统。生态系统是一个开放的、统一的系统。生态系统包含四个基本组成部分，即无机环境、生产者、消费者、分解者。如果生态系统某个环节崩溃，后果将不堪设想。

食物链

自然界里的每个生物都有自己生命的轨迹，吃与被吃的营养关系是生物生存的常态。绿色植物是生产者，异氧生物是消费者，微生物是分解者，它们共同构成了环环相扣的链条，去掉任何环节都会破坏生态的平衡。

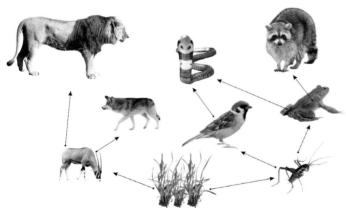

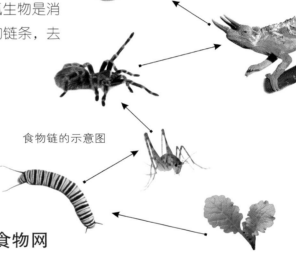

食物链的示意图

食物网的示意图

海洋的生态系统

食物网

相比于简单的直线型食物链，食物网更加错综复杂。比如说，鸟类的食物除了毛毛虫，还有飞蛾等；而以鸟类作为食物的动物也不止一种，鸟卵也是老鼠等其他动物的食物。生物与生物之间因吃与被吃结下了一张纵横交错的网。

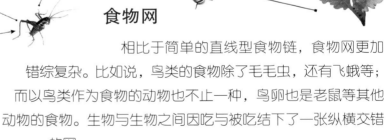

海洋浮游动物以浮游植物为食。浮游动物又被比自己高级的海洋动物捕获，成为海洋动物的美餐

鲨鱼是海洋中的顶级杀手，调节着整个海洋食物链的平衡

鲸处在食物链的顶端，几乎没有天敌，但人类的滥杀使其数量急剧减少，破坏了海洋的生态平衡

如果食物链中少了食肉动物会怎样？

奇思妙想

草原上，当小角马被狮子吃掉，有人会同情可怜角马，希望凶猛的狮子不再吃肉，而改吃草。从一个食肉动物转变为食草动物，那岂不是很好吗？

如果狮子不再吃肉，而开始吃草，那些食草动物，比如角马、羚羊、斑马等，就失去最大的天敌。它们就会大量地繁殖后代，没过多长时间，整个非洲大草原就会成为食草动物的天下。随着食草动物的增加，它们对食物的需求也会越来越大。这样一来，灌木和草类植物的生长期就会大大缩短，有些植物甚至还没长成，就会被食草动物吃掉。原有的生态系统就会遭到破坏，最终整个非洲草原就会因为植被的缺失而成为一片荒漠。

生态系统中贮存于有机物中的化学能，通过一系列吃与被吃的关系，把生物与生物紧密地联系起来，这种生物之间以食物营养关系彼此联系起来的序列，称为食物链。一个复杂的食物链是使生态系统保持稳定的重要条件，一般认为，食物链越复杂，生态系统抵抗外力干扰的能力就越强，食物链越简单，生态系统就越容易发生波动和毁灭。假如在一个岛屿上只生活着草、鹿和狼。在这种情况下，鹿一旦消失，狼就会饿死。如果除了鹿以外还有其他的食草动物，那么鹿一旦消失，对狼的影响就不会那么大。反过来说，如果狼首先绝灭，鹿的数量就会因失去控制而急剧增加，草就会遭到过度啃食，结果鹿和草的数量都会大大下降，甚至会同归于尽。如果除了狼以外还有另一种食肉动物存在，那么狼一旦绝灭，这种肉食动物就会增加对鹿的捕食压力而不致使鹿群发展得太大，从而就有可能防止生态系统的崩溃。

小 径

非洲草原的草丛下，一条小径的尽头，象鼩妈妈正在喂小象鼩吃奶，这个刚出生的小家伙，现在还不能自己觅食呢，只能在妈妈觅食的时候跟在后面当"跟屁虫"。小象鼩吃得全神贯注，好像此时外界与它无关，但象鼩妈妈丝毫没有放松警惕。忽然，草丛中传来"沙沙"的声音，象鼩妈妈立马提高警惕。它停止了喂奶，并把小象鼩藏到草丛中，叮嘱它不要出来。象鼩妈妈朝着小径的另一头跑去，为了保住孩子，它只有挺身而出，使用"调虎离山"计。

草丛中"沙沙"声越来越近，原来是一条蜥蜴。象鼩调头朝另一条小径跑去，它要把蜥蜴带离这里。草丛中错综复杂的小径，是象鼩安身立命之地。通常情况下，象鼩妈妈借住小径能够轻而易举地甩掉敌人，只不过这次它失算了。它拼命往前跑，蜥蜴穷追不舍，蜥蜴马上就要抓住象鼩妈妈了。前方一个急转弯，象鼩妈妈能顺利进入急转弯的小径的话就可以轻而易举地甩掉蜥蜴，只可惜不知道哪个家伙居然挡住了象鼩妈妈的去路，最终象鼩妈妈被蜥蜴捕食。

小象鼩久等妈妈不回来，便从草丛中钻出来。从此之后，它要独立面对险象丛生的环境了。它还不会觅食，妈妈就死了。饿坏的小象鼩在本能的驱使下，抓住了草丛中的蚂蚱："不错，很美味。"小象鼩居然无师自通地学会了捕食。

象鼩要在草原上求得生存，小径是根本。于是，小象鼩学着妈妈的样子，用一半的时间来打理小径，小径上的障碍物都被清除掉，这样有利于它的逃生和捕食。

果不其然，蜥蜴再次来到小径，小象鼩拼命向前奔跑。就在蜥蜴快要追上小象鼩的一刻，天空中饥饿的鹰发现了蜥蜴，俯冲而下，一下子抓走了蜥蜴。蜥蜴成了鹰的腹中餐，小象鼩凭借小径躲过一劫。

象鼩虽然不吃草，可是它们一辈子都离不开草丛，离不开小径，象鼩在小径中捕食以草为生的蚂蚱，也会被以它们为食的蜥蜴和鸟吃掉。还好有小径，小象鼩躲过了一次次灾难，在草原上艰难求生。

环境破坏与保护

随着工业文明的发展和人口的剧增，导致世界三大危机：资源短缺、环境污染、生态破坏。地球只有一个，资源越用越少，保护生态环境刻不容缓。人类应该反思，悬崖勒马，及时弥补自己不当行为对环境所造成的伤害。

水污染

资源短缺

人类无休止地向自然索取，导致地球出现资源短缺的现象，尤其是不可再生资源。不可再生资源主要有石油、煤炭、天然气和其他矿产资源等。不可再生资源是在特定条件下，经过上亿年才得以形成，所以这些资源的储量会随着人类的消耗而越来越少。

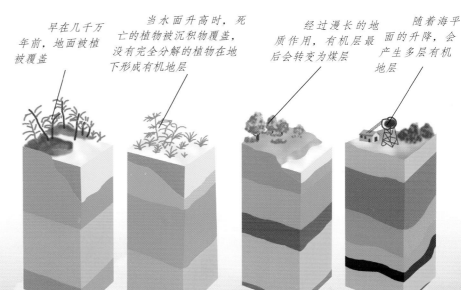

早在几千万年前，地面被植被覆盖

当水面升高时，死亡的植物被沉积物覆盖，没有完全分解的植物在地下形成有机地层

经过漫长的地质作用，有机层最后会转变为煤层

随着海平面的升降，会产生多层有机地层

煤的形成示意图

乱砍滥伐森林，会造成水土流失，动植物灭绝，这是严重的生态失衡

生态破坏

人类不合理地开发资源和发展经济，使自然环境遭到破坏，生存环境恶化。例如，过度开垦、过度伐木，造成土地荒漠化；不合理灌溉使得土壤盐碱化，乱捕滥杀使得生物多样性减少等。生态一旦破坏，需要很多年才得以恢复，有些甚至不可恢复。

土地盐碱化

环境污染

人类肆意向空中排放的废气，如汽车尾气等造成大气污染，直接威胁人类生存和发展；使用长久性农药，杀死土壤中的微生物，毒化土壤，使土质恶化；随意将工业废水排放到江河湖海，造成水污染；生活垃圾、工业垃圾和危险废物造成固体废物污染，威胁人类健康。

环境噪声监测

水环境监测示意图

环境监测

　　人类应该反思自己的行为，切实把保护环境落到实处。而环境监测是环境保护的基础工作，主要包括：大气环境监测、水环境监测、土壤环境监测、固体废弃物监测、环境生物监测、环境放射性监测和环境噪声监测等。

监管生产

　　加强生产环节的监管。由政府部门和公共或私人团体依据相关的环境标准向有关厂家颁发证书，或贴环保标志，证明其生产的产品及产品在使用过程和后期处理问题上都符合环保要求，同时有利于之后的资源回收再利用，减少资源浪费和环境污染。

中国环境标志

只有一个地球

　　每年的4月22日——世界地球日，全世界都会开展一项世界性的环境保护活动。世界地球日旨在唤起人类爱护地球、保护家园的意识，促进资源开发与环境保护的协调发展，呼吁保护环境，从我做起，从现在做起，从身边做起。

世界地球日是一项世界性的环境保护活动

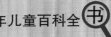

如果地球污染持续加剧会怎样？

奇思妙想

如果映入你眼中的是污浊的海水、黑烟缭绕的城市，你会有什么感受呢？远在太空中的宇航员发现地球已经没有最初从太空中眺望时那么美丽了，在城市上空，大团污浊的云盖住了那里的天空；很多绿色的土地已经转变成了黄色的荒漠……地球已经处在"重病"之中！

温室效应、酸雨和臭氧层破坏就是大气污染造成的环境效应。这种环境效应具有滞后性，往往在污染发生的当时不易被察觉，然而一旦察觉就说明环境污染已经发展到相当严重的地步。当然，环境污染最直接、最容易被人感受的后果是人类生活环境质量的下降。例如城市的空气污染造成空气污浊、呼吸类疾病的发病率上升；水污染使饮用水的质量普遍下降，威胁人的身体健康。严重的污染事件不仅带来健康问题，也造成社会问题。随着污染的加剧和人们环境意识的提高，污染引起的人群纠纷和冲突逐年增加。

每一个环境污染的实例，可以说都是大自然对人类敲响的一声警钟。为了保护生态环境，保护人类自身和子孙后代的健康，必须积极防治环境污染。我们应当绿化造林，这样会有更多的植物吸收污染物，能减轻大气污染程度；也应当控制废气、废水、废物排放，保护环境。

小兔子的困惑

小兔子的妈妈死了。

小兔子想不明白，为什么到了水草丰美的草原，妈妈却死了。以前，在那么贫瘠的草原上生活妈妈带着自己都挺过来了……

那片贫瘠的草原，是小兔子出生的地方，妈妈常常带着小兔子在那里觅食。小兔子第一次吃有刺的植物，鼻子就被扎到了。它躲在草丛里，一边用前爪摸着鼻子，一边哭泣。可是兔妈妈却告诉它，有刺的植物对它们很重要，关键时候可以保护它们。

的确，有一次兔妈妈领着小兔子在吃草的时候，空中一只盘旋的鹰盯上了它们。鹰好似离弦的箭一般冲过来，兔妈妈带着小兔子马上躲进了旁边的蔷薇里，鹰干着急没有办法。

在那片草原上，小兔子学会了很多东西，也珍藏了许多好玩的记忆。可是，那片草原却因为人类的过度开垦而荒漠化了，沙子覆盖了所有的植物，那里再也不长草了。妈妈只好带着自己背井离乡，找到现在这片草原。可是小兔子怎么也没想到，这片水草丰美之地竟成了妈妈的墓地。

来这片草原之前，妈妈把最后的草都给小兔子吃了，自己饿着肚子坚持到了这地方。看到这片草原鲜嫩的绿草，兔妈妈刚吃了几口肚子就开始疼，越来越疼，最后兔妈妈躺在地上瑟瑟发抖，嘴里流出了白沫。小兔子吓坏了，蹲在妈妈身边，不知道怎么办。妈妈临终前告诉它不要吃这里的草，小兔子听妈妈的话，饿到肚子咕咕叫都没敢吃这里的草。

小兔子推推妈妈，妈妈没有反应，兔妈妈是真的死了。天空飞来一只秃鹫，看到草原上躺着的兔妈妈的尸体，便俯冲过来。小兔子慌忙躲避，情急之下，钻进了矮小灌木丛里。

小兔子藏在灌木丛里，眼睁睁看着秃鹫啄食自己的妈妈，却没有办法。它看着眼前妈妈的惨状，想起和妈妈在一起的幸福时光，眼泪像断了线的珠子一样往下掉。就在小兔子哭得伤心的时候，秃鹫突然倒地死了。小兔子不明白，秃鹫怎么也死了。

它哪里知道，人类的农药已经渗透到了土壤里，这里的草已经成为毒草，兔妈妈的肉也成为了毒肉。秃鹫吃了有毒的肉，哪有不死的道理？